翻轉學

翻轉學

解決問題快10倍的數字工作法

숫자로 일하는 법 : 기획부터 보고까지, 일센스 10 배 높이는 숫자 활용법

**韓國三星經理教你 4 步驟用數據思考，
從企劃、分析、決策到報告都事半功倍，獲得賞識和成就感**

% ± $ ⤴

盧泫兌 노현태 著　杜西米 譯

目錄

好評推薦 　　　　　　　　　　　　　　　　　　　　　　7
作者序　數字力，職場上不容忽視的工作能力　　　　　11
前　言　數字，是所有行事的準則　　　　　　　　　　15

STEP 1　把複雜的問題變簡單：「數字思考力」

01　解決問題前，先量化「現況」和「目標」　　　24
02　數據繁多，必須掌握哪些關鍵數字？　　　　　28
03　運用邏輯能力，找出問題根源　　　　　　　　32
04　計算投資效益，讓成果最大化　　　　　　　　38
05　抓住三大核心，理解數字的價值　　　　　　　45
06　正確掌握定義，避免一知半解　　　　　　　　50
07　了解數字背後的計算邏輯與依據　　　　　　　54
08　多角度思考數字帶來的影響力　　　　　　　　61

STEP 2	高效讀懂海量資料： 「數字解讀力」

09	像背九九乘法，牢記重要數字	68
10	解讀時，先釐清數字的具體含義	74
11	簡化複雜資訊的統計方法	83
12	工作中最常用的數字──平均值	88
13	善用數據分布的現象，找出個別問題	98
14	發現數值異常，可能獲得意外成果	104
15	觀測數據變化的三大時間點	110
16	有關聯的數據，不一定有因果關係	117

STEP 3　找出你需要的數字：「數字組合力」

17	將抽象概念量化的三種方法	124
18	無法簡單表達的兩個原因	133
19	為重複的工作制定 SOP	142
20	設想三套情境劇本，制定對策	149
21	根據實際狀況，採用「加權計算」	152
22	ABC 分析法，讓有限資源最大化	158
23	善用「比值」，精準表達相對關係	165
24	高效管理時間的「逆算計畫」	172

STEP 4	讓你的意見獲得重視： 「數字報告力」

25	報告，是傳達與理解的過程	180
26	用數字傳遞核心資訊的三種方法	186
27	讓數字更有說服力的兩大元素	192
28	必須理解差異原因在哪	201
29	思考資訊的先後順序	208
30	運用概數，溝通更高效的三種情況	212
31	圖表，是報告數字最高效的方式	218

結語	面對提問，善用數字讓你更篤定	225
後記	獻給在職場中迷茫的每個人	229
參考文獻		233

好評推薦

「本書深入剖析數字在職場中的重要性，讓生硬的數字，可落實於提升工作效率和決策品質。」

—— 王俊人，SoWork 數據市調創辦人

「管理格局要避免『當局者迷』，而數字是最理性的工具，從分析、思考到溝通，用數字讓你井然有序。」

—— 江守智，精實管理顧問

「看到數字就頭痛嗎？你的救星來了！本書教你用數字提升工作效率，精準表達現況與目標，透過量化分析找到問題根源，有效說服同事與主管。無論是簡報還是日常業務，這本書會是你的最強後盾，幫你成為數字高手，讓工作事半功倍！」

—— 林長揚，簡報表達教練

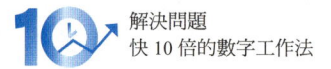
解決問題
快 10 倍的數字工作法

「在經驗、直覺與數據為基礎的思考中,我願意相信數據。因為那是最客觀的思維鍛鍊,而我們也應該學習著以數據判斷策略的營運思維力。推薦進入職場的朋友好好研讀。」

──孫治華,策略思維商學院院長

「彙整許多職場重要的數字思維,並透過實際的情境方式傳達,是一本不錯的分析能力入門書籍。」

──彭其捷,知識遊牧公司負責人

「身為創業者、經理人或投資人,數字不僅是報表與工具,更是溝通的基礎、邏輯的呈現、決策的關鍵。這是一本幫助你掌握數字、全面提升理解力、記憶力與生產力的好書。」

──詹益鑑,Taiwan Global Angels 創辦人

「在職場上,最重要的是表達數字的能力,即識別

和使用數字作為語言的能力。這本書有豐富的經驗為基礎，系統化解釋了如何思考和表達數字，對提升你的工作技能有很大的幫助。」

── 朴性昱（박성욱），三星電子SCS董事長（副總裁）

「對於上班族來說，數字就像第二語言。這是因為他們透過數字1到10進行交流。我很高興前輩們說過無數次的『工作是透過數字和圖表來完成』的這個重點，能透過本書傳達給更多後輩。對於任何尋找工作意義的人來說，這本書都是必讀的。」

── 金韓碩（김한석），三星電子DS部門副總裁

「多麼簡單的使用數字方式。這本書教你如何找到有意義的數字，如何解釋它們，以及如何運用各種例子有說服力地向他人表達它們。感覺就像是一個在公司裡以聰明著稱的前輩，正在給他心愛的後輩們傳授祕訣。是難得一見理論與實踐兼具的好書。」

── 朴素妍（박소연），公司代表、作家

作者序

數字力，職場上不容忽視的工作能力

　　回想自己剛進公司時，第一次報告那天，我花了整整一個月辛苦熬夜做的報告，公司前輩在檢討環節時卻只問了：「你可以用數字來說明報告內容嗎？」

　　當時，我完全不明白這個提問的用意為何，放了無數個圖表與表格，耗盡心力整理出來的厚重報告，要如何只用數字表達？難道是我的報告不夠充分？

　　回想自己在新人時期，我也有過主管詢問「現在執行進度如何？」，我卻只回答「十分順利」的丟臉經歷。

　　為什麼要用數字來表達？當時，我還不知道比起冗長的說明或敷衍的場面話，一個數字所能表達的意義到底有多大。但隨著時間過去，不知不覺我也成為了別人

的前輩與主管，業務能力越發嫻熟後，提升了自己在數字使用上的技巧，我才終於了解數字的重要性。

我還是職場新人時，遇見很多跟我工作方式差不多的人。其實，不只是新人，無論工作年資長短，不擅長使用數字來工作的人都不在少數。雖然工作能力卓越與否取決於個人能力差異，但經驗的影響也不容小覷，**數學能力很好與工作時能否善用數字完全是兩回事。但是，工作時活用數字的意義是什麼？**

證券業有個令人頭皮發麻的術語──胖手指（fat finger）。胖手指如同其字面上意義，指證券交易過程中，因為輸入錯誤交易數量，意外造成鉅額損失的交易失誤。

無論在國內外，胖手指事件都曾經造成巨大損失，其中最為著名的事件當屬 2010 年美國股市發生的「閃崩事件」（flash crash）[*]。2010 年 5 月，美國一間投資

---

[*] 閃崩：意思是指金融市場在短期間內發生超常規的暴跌現象，在金融市場中，閃崩可以是描述股票、滙價、金價等的變化。

作者序
數字力，職場上不容忽視的工作能力

銀行的交易員在賣出股票時，誤將代表 100 萬的字母 m（million）打成了代表 10 億的字母 b（billion），而這個失誤導致道瓊指數暴跌了將近 10%，甚至造成全球股市大幅震盪。

韓國也曾發生過類似的胖手指事件，像是 2018 年的「幽靈股票事件」。某間證券商的電算人員發放員工股利時，誤將放股利方式打錯，原本應依照每股分配 1,000 韓元的配給方式，卻變成一人獲得 1,000 股的配給，造成股票市場憑空出現了 28 億股的幽靈股票，而該證券商為控制急遽變動的股價，採取熔斷機制†次數甚至多達七次。

因為一個數字而使企業深陷危機，甚至是破產的例子比想像中還多，即使這些失誤程度不像前文所提及的案例嚴重到廣為人知，但在職場上因數字而陷入困境的狀況總會一再發生。

---

† 熔斷機制（Circuit breaker / Trading curb），又稱波動性中斷，意指在交易中，當價格波動幅度觸及所規定的範圍時，交易將暫停或是休市。

13

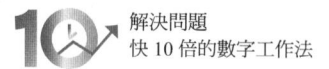

儘管程度不同，每天工作時都還是會經歷幾次為數字所困的狀況，例如：在寫報告時，不慎遺漏或是輸入錯誤的數字，應該使用數據匯報的場合沒有適當使用而遭主管責備；在會議上，提及不必要的數字導致偏離討論重點⋯⋯這些情況在工作時經常會發生。

但如果總是因為這樣而對數字戒慎恐懼，反而會像胖手指一樣深陷數字陷阱。這本書提供了在工作中要如何思考、解說和活用數字，希望可以對閱讀此書的各位有所幫助，協助各位縮短目標與現實的差距，直到距離為 0。

前言

數字，是所有行事的準則

數字，已經成為日常生活和商業活動時的決策與行動準則。以購買蘋果為例，雖然在一開始挑選時會先看大小與外觀等條件，但最終決定是否購買的原因仍在於「價格」。看起來再好吃的蘋果，當價格超出預算時，就會讓人買不下手。

若轉換到職場時會如何呢？企業以追求盈利為目標，換句話說就是「能否賺到錢」，而賺多少錢終究會轉換成數字。你是否很常聽到以下問題？

📢 你預估會賣多少？
　你的預期收益是多少？
　你預計能提高多少產量？

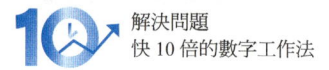

> 你的預估成效如何？
> 你何時（幾點）可以完成？
> 跟目標相比現在進度如何？

雖然依產業與職務不同，問法可能有所差異，但這些問句最終都指向──用數字來表達多寡或收益。商場上，所有的決策與行動皆建立在盈利基礎上，使用模稜兩可的形容詞，反而會不斷受到質疑。

就連準備聚餐，都會整理參與人數、預約時間、預算等相關數字，更何況是工作成果與現況，若無法用數字呈現，工作就會窒礙難行，即使能順利推進，過程也可能一波多折。請記得，**所有商業活動皆建立在數字上，要做一個面對數字時游刃有餘的人**。

數字，是超越語言的溝通方式

全世界 80 億人口中，有三分之二的人母語是中文、印度語、英語等主要 12 種語言，但在地球上的語言足

足有 7,102 種，儘管語言眾多，我們還是可以跟不同語言的使用者對話，原因是會用世界語言溝通。

世界語言，是母語不同的人在交流時所使用的語言，中世紀時以拉丁語為主，現在則是英語。無論是在國外旅行或商業場合，使用世界語言對談便能交流無礙。

然而，我認為還有超越世界語言的交流方式，那就是「數字」。在國外想要購物時，你會怎麼做？若外語能力不錯，溝通就不會有問題；反之，若外語能力不好時，可以動動手指比出數字殺價，或在計算機上按下自己想要的價格以達成交易目的。

數字的意義與價值亙古不變，也就是說，**數字具有「代表性」，能夠準確反映事實，沒有灰色地帶**。軟銀集團創辦人孫正義在發表會以精湛的簡報能力而聲名大噪，他的每張投影片都能精準傳達一個核心訊息。

2019 年，孫正義舉辦的企業說明會中，說明集團擁有的股東價值，在投影片上以大大的字體寫下算式「27-4=23」。運用此算式來說明軟銀集團現持有的股

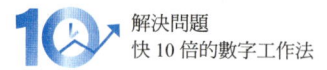
解決問題
快 10 倍的數字工作法

票市值,若市值共 27 兆韓元(約新台幣 6,300 億元),若減掉負債 4 兆韓元(約新台幣 930 億元)後,仍有 23 兆韓元(約新台幣 5,400 億元)的股東價值。像是這類的統計理論或許數十張投影片也很難完全解釋清楚,但孫正義憑藉著自己對數字的敏銳度,只透過一行簡單的算式,就讓在場的與會者都能理解其中的意涵,他卓越的數字表達能力令人甘拜下風。

在加入數字佐證後,任何意見都會變得更明確,也更具有說服力。數字的功用不僅限於跨國企業,在實際處理業務上也具有同樣效果。舉例而言,如果要向主管介紹韓國足球運動員孫興慜,下列兩種講解方案中,你覺得主管會更關注哪種方案呢?

A 方案 **孫興慜是無可取代的世界級優秀選手**

B 方案 **孫興慜在擔任國家代表隊的期間,參加超過 100 場 A 級賽事,作為第 16 號選手,先發出戰次數共達 82 次,攻入 32 球,並取得 51 次的勝利**

蘋果公司創辦人、簡報專家賈伯斯曾說：「報告時，要為數字穿上衣服，在適當的舉例下提出數字說服別人。」間接說明了數字在報告與溝通時的重要性。

任何事情的開始與結束都有數字

上班時，總有各式各樣的問題等待負責人解決，工作的意義便在於解決這些問題。企業也得以藉此創造全新的企業價值，新的產品與服務便是問題解決後的產物。而消費者也能因而獲益，使用更便宜、便利、美觀的產品與服務。

要解決工作中發生的問題，首先要先釐清「問題性質」。從問題大小、影響範圍到排除問題所需的業務處理時間等，待解決的問題大部分都能利用數字簡單進行整理。

日本作家內田修在《品質經營的 75 個技巧》一書中，**以數字 0 為基準，將問題分成三種類型：「趨零問題」、「減少問題」、「增加問題」**，以便探討問題的

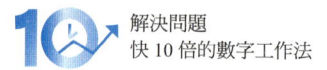

性質（見圖表 0-1）。此分類標準以「問題越少發生越好」為目標，將數字 0 當成一個衡量標準來檢視。

圖表 0-1　問題性質的三種分類

	定義	舉例
趨零問題	目標值越趨近 0 越好（值域大於 0）	不良率、感染率、意外件數多寡等
減少問題	目標值越小越好（不可能為 0）	成本、購入金額、等待時長等
增加問題	目標值越大越好	銷貨收入、設備效率、市場滲透率等

現代管理學之父、美國管理學家彼得・杜拉克（Peter Drucker）曾說：「如果無法測量，就無法管理，若管理不到位就無法改善。」**所有工作都需要先量化分析現況，才能夠得知問題所在、掌握問題狀況，並制定解決方案。**

幾年前，我基於健康考量，減掉 12 公斤的體重，當時除了飲食控制與運動並行，我還會透過體脂計

Inbody 測量身體組成，檢查肌肉量與脂肪量的變化，並以「減少 25％脂肪量、增加 10％肌肉量」為目標，持續確認計畫是否順利執行。

面對工作時，亦是如此。解決問題時，試著先以數字分析現況，將問題量化後，便能判斷出目標與現況的差異，接著只需要一步一步將差異縮小即可。

STEP 1

把複雜的問題變簡單：
「數字思考力」

如果工作中的數字讓你眼花撩亂，甚至不清楚問題在哪裡，
試著用數字整理現況，重新梳理思路。
這麼一來，隱藏在數字背後的核心問題將會清晰浮現。

01 解決問題前，先量化「現況」和「目標」

週三 09:15

> 課長，圖書募資專案，目前進度如何？

> 募資已進行 10 天，從速度與目標金額的差距來看，目前進展還算順利。

> 可以更具體說明現在的募資金額與目標的差距嗎？另外，募資預計何時結束？

> 目前募資金額已達到目標的 80%，依照這個趨勢，預計 3 週內即可結案，並開始採購商品。

如果「現象」代表當前的狀態,那麼「目標」則是我們期望達成的狀態。「現象」與「目標」之間的差距就是「問題」,而縮小這個差距的過程,即為「解決問題」。**「現象」和「目標」都應該是可量化的。如果無法量化,問題也無法量化,最終將難以改善或解決。**

那麼,「不夠客觀」究竟是什麼意思?舉例來說,看到一輛汽車樣品時,如果說「不夠帥氣」,這種評價會大幅限制改進的方向。原因在於,這是一種主觀表達,可能有人認同,但也可能有人完全無法接受。

反之,如果給出以下評價,結果會如何呢?

「車長 5 米,外觀顯得修長俐落,但車寬 1.6 米、車高 1.58 米的設計,讓整體看起來笨重且不協調。」

這樣的評價,可以用來調整車體的比例,重新設計成更符合消費者喜好的車型,從而解決問題。實際上,汽車製造商在設計產品時,經常運用能反映人類感性需求的感性工學,打造出符合核心消費族群偏好的汽車。

舉例來說，假設目標是設計一款適合有小孩的家庭使用的「中型車」。主要消費族群可能會考慮到需要在後座安裝安全座椅，因此偏好內部空間較大的車型；或者因為需要載送孩子，而更加注重車輛的安全性與行駛穩定性。那麼，該如何根據以下三個條件，來量化現有的資料：確保寬敞空間、提升乘坐舒適度、符合中型車的特性？

　　首先，要確保車內空間的寬敞度，可以從前輪中心點到後輪中心點的「軸距」入手（見圖表1-1）。一般來說，軸距越長，車內空間越寬敞，同時行駛的穩定性與乘坐舒適度也會有所提升。

　　那麼，如何定義「中型車」呢？在韓國，乘用車會根據排氣量分為四類：輕型車（排氣量小於1,000cc）、小型車（排氣量小於1,600cc）、中型車（排氣量小於2,000cc），以及大型車（排氣量2,000cc以上）。因此，設計中型車時，只需將排氣量設定在1,600cc至2,000cc之間即可。

圖表 1-1　汽車參數示意圖

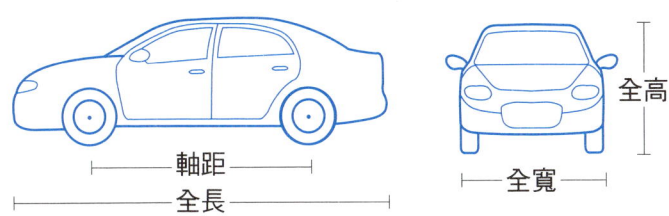

軸距：前輪中心點到後輪中心點的距離
全長：汽車的前側到後側的直線距離
全寬：不算汽車後視鏡，橫向最寬的直線距離
全高：從汽車底盤到最高車頂部分的直線距離

隨著工作經驗的累積，雖然大多數情況下能準確掌握現況，但仍可能偶爾混淆目標。造成混淆的原因可能有很多，例如同時面對多個相似目標，或因目標隨時間變化而產生困惑。但請切記，**工作的核心在於，明確區分現況與目標之間的差距，因為這正是解決問題的第一步**。

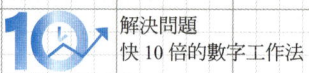

解決問題
快 10 倍的數字工作法

02 數據繁多，必須掌握哪些關鍵數字？

週一 09:40

> 創業到現在已經 3 個月，銷售有如預期成長嗎？

> 銷量看起來有在慢慢成長。

> 那麼，跟上個月相比，這個月的銷量成長了多少百分比呢？
> 另外，有誰知道本月和本週的銷售目標是多少嗎？

> ……

是否曾因面對過多的數據，而無法確定該聚焦在哪些關鍵數字上？即使花了好幾天準備會議資料，在報告時卻因無法回答主管的提問，而感到手足無措。這樣的情況，相信許多人都曾經歷過。有時，明明知道的內容卻突然答不上來；有時，則剛好被問到沒準備的內容。

這種讓人一時語塞的提問，多半與「具體數字」有關。如果是詢問意見或想法，還可以憑經驗或邏輯思考靈機應對，但當問題涉及數字時，若不熟悉具體數據，往往就難以回答。然而，業務上的數字繁多且變化快速，要全面掌握所有數據並不容易。

在職場上，最需要關注的數字是「目標」。目標可以分為兩種，一種是為了維持企業運作的基本經營目標，另一種是為了實現卓越成長的挑戰目標。這些目標會因市場部、生產部、營業部等部門的需求而有所不同，並且每個部門通常會依據年度目標，進一步細分為1月至12月的每月目標。

如同前述情況，當依大目標細化而成的小目標越來

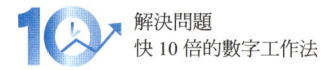

越多時,要掌握所有數據幾乎是不可能的任務。因此,我們需要建立一套思維模式,從最重要的數字開始著手理解。

身為職場人士,必須清楚掌握的目標與業績(當前目標)中的關鍵數字是什麼?答案是:**終極目標(期望達成的狀態)與當前目標(當下應達到的狀態)**。試想,若一位公車司機不知道自己目前停靠在哪一站,乘客會有多麼不安?

在職場中也是一樣。當提問者向業務負責人詢問目標時,若負責人無法清楚回答,提問者難免會感到困惑。認真執行自己負責的工作固然重要,但如果不知道最終目標是什麼,只是一味努力,最終可能毫無意義。同時,也必須了解現階段的業績目標,因為只有掌握現下的目標,才能有效檢視業務執行的進度與成效。

我會**根據「時間軸」來檢視業績與目標的差距**。首先確認當前的業績情況,然後依時間順序逐步檢查當前目標和最終目標。透過這樣的方式,可以分析業績不如

預期或超出目標的原因，判斷是暫時現象，還是結構化問題，並以此制定對策，讓自己更接近最終目標。

具體來說，該如何檢視業績現況與目標，並制訂計畫呢？以「仰臥起坐」為例，假設目前一分鐘可以完成 25 下，而目標是四週後達到 50 下，也就是在四週內增加 25 下。計畫可以這樣安排：前三週每週增加 6 下，最後一週增加 7 下。若換算成時間，現在一秒完成 0.4 下，而目標是一秒完成 0.8 下。將目標細分為四個階段，每週完成一部分，並檢視執行情況，這樣更容易逐步實現目標。

如果以每週為單位執行當前目標，四週內便可以進行四次績效檢查。即便檢查中發現不足之處，也可以透過這四次調整機會進行補強與改進。

在日常工作中，試圖掌握所有繁瑣的數字不太實際。**不如先專注於「績效」和「目標」這兩項關鍵數字吧！**

解決問題
快 10 倍的數字工作法

03 運用邏輯能力，找出問題根源

週一 10:20

> 前輩，出大事了！今天早上 10 點開始，產線一直出現瑕疵品！

> 我們先停掉可能出問題的設備，找出問題發生的原因，再一起想辦法解決吧！

> 好的，那要不要先暫停生產線？

> 先用這個方式爭取一點時間吧。距離交貨日期還剩多久？

STEP 1
03. 運用邏輯能力，找出問題根源

公司總是會面臨許多問題，而工作的本質就是去發現並解決這些問題。**要解決問題，就必須具備邏輯思考能力**。有兩種問題解決的方法：

第一種方法是暫時處理。顧名思義，這是一種應急措施，商業用語稱為「Quick-Fix」。目的是在制定出根本解決方案之前，先暫時控制情況，不要讓問題進一步惡化。

比如說，當屋頂漏水時，可以在漏水處放置水桶，防止水流到其他地方，並隨時更換水桶避免溢出，這就是一種治標處理。然而，這種方式無法徹底解決漏水的問題。

第二種方式是透過「邏輯思考」來解決根本問題，商業用語稱為「Slow-Fix」。這種方法強調，**解決問題的第一步是找出問題的根本原因**。當採用這種方法後，面對「為什麼」的提問時，便能以「原因是……」的形式，清楚說明問題的根源。

邏輯，是用來更有效說服對方的依據。例如，假設

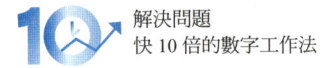
解決問題
快 10 倍的數字工作法

要制定一個以 20 至 30 歲族群為目標的行銷策略，行銷人員一開始規劃使用該族群喜愛的 YouTube 或社群媒體進行行銷，但最後選擇了報紙。這是否是錯誤的決策呢？其實不一定。如果有一份報紙是 20 至 30 歲族群特別喜歡的刊物，那麼這樣的選擇就另當別論了。

接下來，我要分享自己在中國企業工作時的經歷。我的職責之一是決定是否將半導體晶圓投入生產線，以及調整生產數量。有一天，因突發狀況，我需要緊急更改之前下達的指令。兩週前，我指示生產 500 個 B 產品，但這週必須修改計畫，優先生產 300 個 A 產品。

由於這種情況並不常發生，因此我需要說明合理的原因。以下是當時為了解決問題，經過條理化後，我所採取的程序：

> **邏輯的推演**
>
> 議題：產品組合變更
>
> ① 確認是否有能力應付變更過後的產品組合[*]
> ② 確認產品的在製品[†]數量及前置時間[‡]
> ③ 以變更後的產品組合為準，逐一比較各類別的在製品
> ▶ 在製品數量＞需求數量：維持現行生產投入計畫
> ▶ 在製品數量＜需求數量：增加現行生產投入計畫

[*] 產品組合：生產和銷售產品的組合
[†] 在製品：正在工廠加工，尚未完成的半成品
[‡] 前置時間：從下訂產品到產品完成所需的生產時間

當問題發生時，只要運用邏輯思考能力，即使再棘手的問題也能輕鬆解決，這一點同樣適用於日常業務中。 如果兩名員工接到相同的指示，一名採用邏輯思考進行處理，而另一名則沒有，兩人在處理過程中的效率和結果自然會有所差異。

某食品公司為縮小與競爭對手在堅果產品銷量上的差距，行銷部經理指示 A 代理[*]與 B 代理分別制定行銷

---

[*] 代理：韓國職稱的一種，位階在科長下，對照台灣職階約為專案經理、基層主管等級。

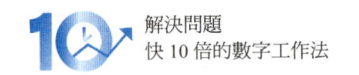

方案。以下是兩人的計畫內容：

A 代理的企劃案
- ☐ 制定行銷計畫
  - 網路活動企劃
  - 實體店面活動企劃
  - 完成廣告媒體清單
- ☐ 行銷日程
- ☐ 預期行銷效果

B 代理的企劃案
- ☐ 分析
  - 市場與競爭者
- ☐ 掌握問題點
  - 公司既有的行銷企劃
  - 可進行改善的範圍
- ☐ 制定問題解決方案
  - 產品戰略
  - 行銷計畫
  - 預算審查

A 代理從行銷活動著手，規劃推廣活動、廣告方式、折扣方案等。相比之下，B 代理則先分析自家產品的銷售量、顧客結構、販售地點，找出問題點後，設定競爭對手的銷量為目標，並制定具體的解決方案。

透過分析，B代理發現競爭對手的產品銷量約高出自家5%～10%，新產品的銷售占比偏低，主要客群為40至50歲，且大多在實體店購買。根據這些數據，B代理針對競爭對手忽略的20至30歲消費者，制定了以時尚包裝和社群媒體為核心的行銷計畫。

A代理與B代理之間，最大的差異在於「是否具備邏輯性」。A代理的行銷企劃缺乏明確目標和充分依據，因此很難說服行銷組長。即便計畫被採納，實際效果也很難有把握。相對而言，B代理的行銷計畫基於客觀數據和合理的依據，因此更有可能獲選為執行方案。

即使擁有再好的想法，若缺乏充分的市場調查與具體的執行方案，企劃仍然很難被採納。因此，在工作中，邏輯思考是不可或缺的核心要素，無論是用來找出問題原因，還是制定解決對策，都是至關重要的步驟。

04 計算投資效益，讓成果最大化

> 這次新上市的產品製造成本比較高，價格偏貴，可能難以打進市場。

> 產品的規格為什麼突然變得這麼高？

> 因為有研究指出，本次產品的目標顧客群是 MZ 世代，他們更願意購買高規格的產品。

> 原來如此，那要怎麼設定價格，才能既保有利潤又減輕消費者的負擔呢？

STEP 1
04. 計算投資效益，讓成果最大化

在職場上，解決問題時必須考量一個前提，那就是「找到既能避害又能帶來利益的解決方案」。**工作的目的是解決問題，而卓越的工作表現則是，在解決問題的同時創造收益。**

A 代理正在思考如何挽回 K 型號嬰兒車的銷量。該產品雖然曾在中低價位市場中穩居領先地位，但過去六個月的銷量卻持續下滑。自從競爭對手推出更便宜的產品後，銷售額明顯下降，甚至連本月的銷售目標都未能達成。現在，有什麼方法能讓這款產品重新回到巔峰呢？

如果調低售價，雖然或許可以靠品牌知名度，讓 K 型嬰兒車的銷量回升，但每一台的銷售利潤將因此減少。

在商業世界中，確實存在需要承擔損失也必須進行銷售的情況。然而，我們的首要任務，應該是在解決問題的同時實現盈利。公司的收益是一個敏感話題，因為長期虧損可能會導致裁員、薪資凍結等極端情況的發

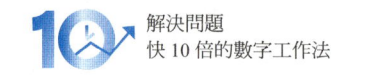

生。那麼，公司的利潤是如何產生的呢？

公司的利潤，來自於員工在工作中創造的所有收益的總和。透過解決問題，不斷累積能帶來盈利的行動，最終構成公司的整體收益。因此，**養成計算利潤的習慣和思維模式至關重要。**

計算利潤最簡單的方法，就是評估「投入與回報效益」。換句話說，思考當下的投入能帶來多少實際的回報。

假設目前有兩個投資案，A 案每年可以創造 300 億韓元的營收和 60 億韓元的利潤，B 案則每年創造 100 億韓元的營收和 30 億韓元的利潤。單從營收和利潤數據來看，似乎擴大對 A 案的投資才是最佳選擇。但真的是如此嗎？若進一步考慮每個投資案的投入成本與回報，再來判斷可能會有不同的結論。以運營成本為例，A 案每年需要投入 30 億韓元，而 B 案只要投入 5 億韓元。

因此，透過比較投資效益，可以得出「B 案的效益優於 A 案」的結論（見圖表 1-2）。根據這個結果，公

STEP 1
04. 計算投資效益,讓成果最大化

圖表 1-2　投資效益比較

	A	B
年營收	300 億	100 億
利潤	60 億	30 億
投資金額	30 億	5 億
投資報酬金額 (投資金額為 1 億韓元時 所得到的利潤)	2 億	6 億

(單位:韓元)

司可以進一步思考,應該將更多資源分配到哪一個投資案上。

　　在職場上執行工作時也同樣適用。**即使是例行工作,也可以透過評估投資效益,判斷應將有限的資源投入到哪項業務,才能實現利潤最大化**。在業務開始前,這種思考方式可作為評估工作重要性及必要性的依據。在經營學中,這就是「**ROI**」(Return On Investment,投資報酬率)的概念。

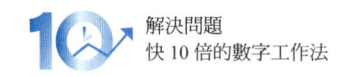

$$ROI = \frac{Return（利潤）}{Investment（有限的資源）}$$

將有限的資源視為「工作時間」，將收益視為「工作成果」，那麼 ROI 越小，就意味著投入的時間相較於產生的成果幾乎微不足道；相反地，ROI 越大，則表示相較於投入的時間，產生了更明顯的成效。因此，我們可以透過 ROI 值來判斷工作的效率，ROI 值越高，就代表「自己所投入的工作效率越高」。

我們無法提升所有業務的 ROI 值，但可以透過增強數字思維能力，更有效率規劃工作行事曆。**在量化目標並找出關鍵數字後，就應開始設定工作的優先順序。**對於重要性較低的工作，可以縮短投入時間以提升 ROI 值，將更多時間分配給更重要的工作。如果無法調整工作時長，則須思考能最大化業務成果的方式。

身為上班族，誰不希望能在規定的工作時間內高效安排行事曆，並順利完成手頭的工作呢？**即使是每天重複的例行工作，也請試著先衡量利弊，思索每項工作**

的投資效益後，再著手進行。如果能時刻關注工作的效益，並善用每分每秒，相信各位一定能順利實現自己的業務目標。

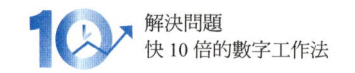

> 在商業世界中，
> 有時即使承受損失，也必須解決問題。
> 然而，最好的解決方案，
> 永遠是在解決問題的同時，
> 設法創造利潤。

05 抓住三大核心，理解數字的價值

> **週一 14:25**

> 我已經把行銷成效轉化為具體數據了，但要解釋清楚真的不太容易。

> 量化成果是很好的開始啊，那你覺得困難的地方在哪裡呢？

> 我覺得自己表達得不好，不夠有說服力，說著說著就會變得語無倫次。

> 其實不只是你，我也覺得解釋數據本身是件不容易的事。要想清楚表達數據的意義，關鍵在於先準確理解這些數字真正代表的含義，這一點非常重要。

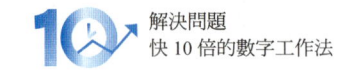

我們對自己報告的內容究竟有多了解呢？所謂的了解，並不是指要知道所有的細節，而是指抓住核心即可，因為其餘的細節可以透過推測或類比來補充。那麼，究竟什麼才算是真正的了解呢？答案就在接下來提到的三個核心重點（見圖表 1-3）。

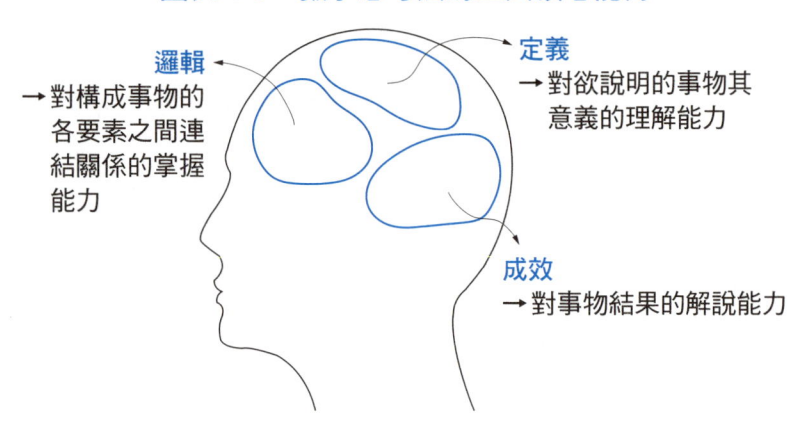

圖表 1-3　數字思考法的三大核心能力

邏輯
→對構成事物的各要素之間連結關係的掌握能力

定義
→對欲說明的事物其意義的理解能力

成效
→對事物結果的解說能力

- **第一個重點是「定義」，也就是要清楚了解自己正在講解的內容是什麼**。許多人因為只聽過或看過相關資訊，卻未經深入思考或學習，就誤以為自己已經完全掌握。如果對事物的定義一知半

解,那麼在回答對方提問時,往往會答非所問。

- **第二個重點是「邏輯」,也就是清楚了解報告內容的脈絡,即各要素之間的因果關係。**舉例來說,A、B、C三者之間的關聯為什麼在特定條件下才成立,如果能掌握邏輯,就能解釋清楚。當對方問「為什麼」時,實際上是在詢問事情的根據。如果我們已經理解達成目標所需的B、C等先決條件的邏輯,就能更自信地回答對方的提問。

- **第三個重點是「成效」,也就是了解自己的說明能帶來什麼樣的影響。**不僅要知道是否能創造利潤、縮短工期或降低成本等正面效益,同時也要掌握可能帶來的負面影響或潛在副作用。

理解了這三個概念後,接著來看以下句子:

三星電子的毛利為 51 兆 6,339 億韓元(約新台幣 1 兆 2,000 億)。(2021 年的數據)

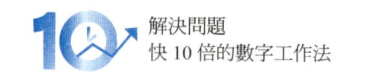

如果我是報告人，需要掌握這句話中提到的哪些內容呢？首先，要理解什麼是「毛利」。簡單來說，毛利是企業透過營業活動所獲得的收益。接著，還需要了解毛利的計算邏輯：毛利是從銷售收入中扣除銷售成本後，得到的銷售利潤，再進一步扣除管理費和銷售費後，所剩下的淨利。

毛利＝銷售收入－銷售成本－（管理費＋銷售費）

最後，需要了解的是毛利所帶來的成效。毛利高，意味著公司經營獲得好成果，賺取了豐厚的利潤，同時也代表產品在性能、價格和品質等方面具備強大的競爭力。毛利成長，還能讓企業資本提升，為未來的研究開發、設備投資和人才招募等活動創造有利的條件。

數字工作法的核心目的是，精準完成任務。因此，**當提到一個數字時，必須能清楚說明這個數字的意義、與其他因素的邏輯關聯，以及可能帶來的影響**。如果無法清楚解釋，就無法真正理解這個數字的價值。接下來

的章節,將更具體探討「定義」、「邏輯」和「成效」這三個關鍵要素。

06 正確掌握定義，避免一知半解

週一，16:05

> 組長，我打算換新車了！

> 哦？你想好要買哪種車了嗎？

> 我在考慮找一輛排氣量大的 SUV 車款。

> 排氣量？準確來說是什麼意思呢？

> 嗯……一般來說，排氣量大的車不就是大型轎車嗎？

> 那你知道 SUV 是什麼意思嗎？

> 嗯……這個嘛……我也不是很清楚……

06. 正確掌握定義，避免一知半解

正確理解事物的定義永遠是第一要務，也就是要清楚掌握自己談論的內容。我們往往因為常看到或聽到某些事物，就誤以為自己已經非常了解。但如果只是一知半解，無法清楚解釋，那跟完全不知道其實沒有太大的差別。

買車時，你會注意哪些事項，或依據什麼條件來做決定？汽車作為高價商品，通常購買後會使用將近十年，因此在選購時需要考量許多細節。雖然選擇範圍可能受到預算的限制，但至少在購買前，會確認一下汽車的規格。

圖表1-4是現代汽車官網上刊登的「2021年旗艦車Grandeur」規格表。你了解表中每個數值代表的意思嗎？這些規格數字繁多，如果不清楚每一項數字的定義，這張表可能會讓人看得一頭霧水。

舉例來說，排氣量是指「引擎能發揮的最大動力」。汽車透過引擎內的汽缸混合空氣與燃料並引爆，利用爆炸所產生的能量來驅動車輛，而在這個過程中所產生的

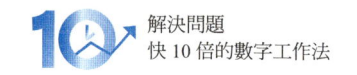

圖表 1-4　現代汽車 2021 年旗艦車 Grandeur 規格表

項目	Smartstream G2.5	G3.3	Lpi3.0
車長（mm）	4,990	4,990	4,990
車寬（mm）	1,875	1,875	1,875
車高（mm）	1,470	1,470	1,470
軸距（mm）	2,885	2,885	2,885
前輪距（mm）	1,612（17"）/ 1,607（18"）/ 1,602（19"）	1,607（18"）/ 1,602（19"）	1,612（17"）/ 1,607（18"）/ 1,602（19"）
後輪距（mm）	1,620（17"）/ 1,615（18"）/ 1,610（19"）	1,615（18"）/ 1,610（19"）	1,620（17"）/ 1,615（18"）/ 1,610（19"）
引擎	Smartstream G2.5	GDi	LPi
排氣量（cc）	2,497	3,342	2,999
最大馬力（PS/rpm）	198 / 6,100	290 / 6,400	235 / 6,000
最大扭力（kgf·m/rpm）	25.3 / 4,000	35.0 / 5,200	28.6 / 4,500
油箱容量（l）	70	70	64（電量 80%狀態下）
行李容積（l, VDA）	515	515	360

氣體量，就稱為排氣量（cc）。

由於引擎的大小與排氣量息息相關，因此排氣量越大，車體也往往越大。因此，大家常說「排氣量大的車，體型比較大」或「排氣量大的車，馬力更強」。現在，當你看到「這輛車的排氣量是 2,000cc」這樣的描述時，是否已經能理解其中的含義了？

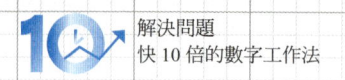

07 了解數字背後的計算邏輯與依據

週一 16:30

- 聽說這次我們團隊制定了新的 KPI，還要加強銷售監控？
- 沒錯，這是銷售指數。本週的指數是 94 分。
- 銷售指數是怎麼計算出來的？
- 嗯……這個我也不是很清楚……

07. 了解數字背後的計算邏輯與依據

當商品價格上漲時，你會有什麼想法呢？我會去思考，是哪些因素導致了價格的上漲。商品的價格是根據生產、管理、物流等各種成本，以及預期需求帶來的利潤綜合計算後決定的。我會試著推測，究竟是哪個環節造成了商品的漲價。

2021年8月，泡麵價格平均上漲了6.8%。以農心辛拉麵為例，每包價格從676韓元調漲至736韓元，上漲了7.6%。造成漲價的主要原因是，製作麵粉的小麥和食用油原料棕櫚油的價格上漲。

微波即食白飯同樣因生產所需的包裝容器和塑膠薄膜等原材料價格上漲，自2020年3月起，不僅市場銷售第一的品牌調漲價格，連各大零售商的自有品牌也接連上漲。

商品價格的形成相當複雜，不會僅因單一因素而發生變動。然而，了解這些細節因素，可以幫助我們更清楚地掌握價格波動的原因。

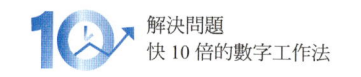

商品價格＝生產成本＋管理費＋物流費＋利潤

在工作中，遇到的數字，背後都有其合理的根據和原因，這也是數字的邏輯所在。

接下來，我們來看看工作中常見的數字。有些數字，例如**生產量**或**銷售量**，可以透過簡單加總即可得出（一次計算）；但也有一些數字，例如**營業毛利**、**綜合效率**或**前置時間**（lead time），需要透過複雜的公式計算或邏輯推導得出，並不是單純將數字相加那麼簡單。

毛利＝營業收入－銷貨成本－（管理費＋銷售費）

綜合經濟效率＝產出價 ÷ 輸入價
**　　　　　＝產出價與輸入價的比率**

前置時間＝加工（製造）時間＋檢驗時間＋運送（移動）時間＋等待時間

邏輯，指的是以條理分明的方式，說明自己的思考或想法。所謂「有邏輯」，意指事情沒有錯誤，且合理

STEP 1
07. 了解數字背後的計算邏輯與依據

又客觀;而「不合邏輯」則代表無法清楚、完整解釋事情的原因。

當主管了解工作現況時,通常會提出一些具體問題。為了能準確回答這些問題,必須清楚了解數字背後的計算邏輯與依據。

> 📢 這個數字是如何計算出來的?
> 可以解釋一下這個數字的意義嗎?
> 與上個月相比,這個月指數波動的原因是什麼?
> 最近,A指數波動幅度變大的原因是什麼?

為了成為能輕鬆回答這些問題的職場高手,接下來以「通勤時間」為例,再次梳理數字背後的邏輯。

首先,通勤時間是指從家裡到公司的移動時間。昨天我的通勤時間是 60 分鐘,但今天卻花了 90 分鐘,足足多了 30 分鐘,甚至差點遲到。現在,就來看看這是什麼原因造成的。

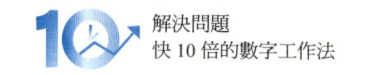

如果理解通勤時間的邏輯,就能像圖表 1-5 一樣,確認通勤時間在哪個路段延誤。此外,如果通勤時間增加的原因不是暫時的現象,還能分析出需要調整哪條路線,才能避免問題再次發生。

圖表 1-5　通勤時間比較

路線	昨天	今天
家→地鐵站(地點1)	10 分鐘	10 分鐘
地鐵站(地點1)→公車站(地點2)	40 分鐘	70 分鐘
公車站(地點2)→公司	10 分鐘	10 分鐘
總通勤時間	60 分鐘	90 分鐘

在工作中,也有與通勤時間類似的指標,那就是製造業的「前置時間」。前置時間,指的是商品從開始製作到完成所需的總花費時間。公司需要按照顧客要求的交期交付產品,一旦前置時間超過預期,就可能無法按時交貨。因此,公司將前置時間的波動視為重要的管理指標。

前置時間會因材料供應、設備運行等多種因素而產生變動。如果了解前置時間的計算原理,當發生變動時,就能快速找出主要原因,並制定應對方案。

> 「用數字思考做事」,
> 就是以精準的方式完成工作。
> 在使用數字之前,
> 需要先理解數字的意義,
> 並能清楚說明其邏輯關係與影響。

STEP 1
08. 多角度思考數字帶來的影響力

08 多角度思考數字帶來的影響力

> 週一 17:40

> 跟您報告一下今年的生產改善成果。在產品製造過程中，我們發現 A 製程是瓶頸，於是透過改善，成功將 A 製程的生產時間縮短了 10%。

> 縮短瓶頸製程 10% 的生產時間，真的是很不錯的成果！那這對產量的提升有多大影響呢？

> 生產量總共增加了 2%。

> 接下來，為了能在縮短生產時間的同時，進一步提升產量，我們還需要提出更多的改善方案才行。

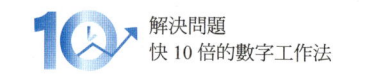

透過邏輯了解數字的來源後，更重要的是理解這些數字會帶來什麼影響。例如，公司中的所有生產活動都以數字表現，而這些數字與績效指標相連後，便能清楚看出生產活動的意義與效果。這也就是衡量數字影響力的方式。

當你聽到利率上升1%的消息時，你會有什麼想法呢？利率上升，對個人和企業都會產生直接影響。

對企業而言，融資成本增加，投資規模可能因此縮減；對個人來說，存款利息的增加會促進儲蓄，但如果有家庭貸款，利率上升也將使利息負擔加重，進而導致消費緊縮。

當利率上升時，會有什麼影響？

- 企業：投資減少→成長放緩
- 個人：家庭儲蓄增加、貸款利息負擔加重→消費減少

08. 多角度思考數字帶來的影響力

「利率上升1%」這個數字對不同領域的影響力有何差異呢？舉例來說，若某企業貸款5,000億韓元（約新台幣117億）進行投資，利率上升1%意味著每年將多支付50億韓元的利息；而若個人向銀行借貸5億韓元，每年的額外利息支出則會增加500萬韓元（約新台幣1.7億）。由此可見，具體說明數字所帶來的影響力，是非常重要的一件事。

假設公司面臨以下情況：營業部計畫將月銷售量從1萬台提升至2萬台，成長幅度達200%，這是一項極具挑戰的銷售目標。然而，在這樣的計畫正式定案之前，必須先評估其現實可行性，並仔細「檢視」是否有達成的可能，同時全面掌握可能帶來的影響，這些都是不可忽略的重要工作。

1. 確認運輸、倉儲、行銷等銷售基本流程，是否能應付擴大規模的需求，並檢視目前的人力是否足以應對增加的業務量，或者是否需要再增補人手。

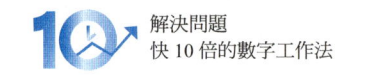

2. 提高銷量的同時，產量也必須跟上。營業部提出擴大銷售計畫時，生產部需確認材料供應是否穩定，以及生產設備和產能是否足夠應對。

銷量增加 200%，會產生的影響

- 營業部：確認銷售基本流程→檢視負責人員的業務量是否增加→評估是否需要增補人手
- 生產部：確認產量增加可行性→檢查生產應對機制→確認產能，並掌握材料供應等基本流程

然而，在考量數字影響力時，有一點必須注意：所有情況如同硬幣的正反面，具有相對或相反的特性。這意味著，**數字帶來正面效果的同時，也可能伴隨負面影響**。報告者通常會為了讓提案通過而強調正面效果，而接受報告者則需嚴謹檢視潛在問題，以防範風險。

「副作用」（side effect）是指非預期的結果，既

非正面也非負面。雖然副作用不一定在所有業務情況下出現,但在複雜環境中,其發生的可能性相當高。

舉例來說,公司為了縮短 A 產品的生產時間,集中資源投入 A 產品,結果導致相關的 B、C 產品生產時間延後,這是可以預見的負面影響。然而,意想不到的是,D 產品的生產時間也因此受到拖延。這說明在安排產品計畫時,多角度思考至關重要。

在未來的工作中,將頻繁接觸各種數字。**要提升業務能力,需要先了解每個數字的定義與計算過程,並掌握其影響力。養成用數字思考的習慣,是在解讀、創造或傳遞數字前,必須具備的基本功。**

> 職場中的一切活動,
> 最終都會以數字呈現。
> 要快速找到工作的意義與成效,
> 關鍵在於解讀數字的涵義,
> 並掌握其影響力。

STEP 2

高效讀懂海量資料：「數字解讀力」

在一堆堆文件中，數字密密麻麻散落其中……
有沒有辦法只挑出我需要的數字呢？
掌握基本數字、平均值和分布等要點，
就能提升數字閱讀能力。

09 像背九九乘法，牢記重要數字

週二 09:30

> 你知道為什麼要背九九乘法表嗎？

> 是為了算得更快，還是為了學心算？

> 其實，那些都是活用九九乘法的結果。最根本的原因，是為了打好乘法的基礎。

> 原來是這樣！那如果在公司也像背九九乘法表一樣，記住一些重要的數字，工作是不是就會更輕鬆呢？

職場，就是一個數字的遊樂園。上班時，各類報告中的現況和議題都用數字呈現；開會時，討論和決策也離不開數字，幾乎每項業務都與數字息息相關。

更別提那些處理金錢和利率的金融業者，還有研究員和工程師了。他們需要檢視檢驗（計算）結果中的數字，然後根據數字進行開發或改進。而我每天上班後的第一件事，就是檢查部門的「**KPI**」（Key Performance Index，關鍵績效指標），以此開啟一天的工作。

確認 KPI 時，應先檢查團隊等整體指標，再檢視更細部的指標。同時參考昨日指標與當月或當週指標。由於昨日指標僅反映一天的數據，可能因短期變數而產生偏差，因此需要謹慎對待。

檢視 KPI 時，還要比較目標與現況的差距，並分析超標或未達標的原因。透過這些指標，可以直觀掌握部門的成果和業務進展。

營業部門負責提升銷售額，生產部門致力於增加產量，品管部門則專注於降低不良率。如果將這些目標量

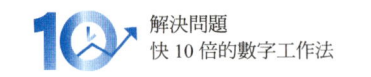

化,就能將銷售額、生產量、不良率等設為 KPI,作為各部門衡量目標達成與績效評估的依據。

然而,以數字為核心工作的最大挑戰是,「需要檢視的數字太多」。隨著業務範圍擴大,必須記住的數字也越來越多。此外,經營環境變化快速,新議題層出不窮,因此目標經常需要調整。

人類的記憶力有限,能記住的數字當然也有限,心理學家用「遺忘曲線」來描述這種現象。根據德國心理學家赫爾曼・艾賓浩斯(Hermann Ebbinghaus)的研究,人類在學習新知識後,約一小時內會忘掉 50％ 的內容,一個月後則會忘掉近 80％。也就是說,大多數的新資訊會隨時間流逝,只留下些許模糊的片段(見圖表 2-1)。

那麼,我們該如何克服數字洪流與記憶力的限制?

1. **首先,專注於「驅動組織運作的核心數字」**。任何組織只要掌握具體化的目標,相關的數字就會

STEP 2
09. 像背九九乘法，牢記重要數字

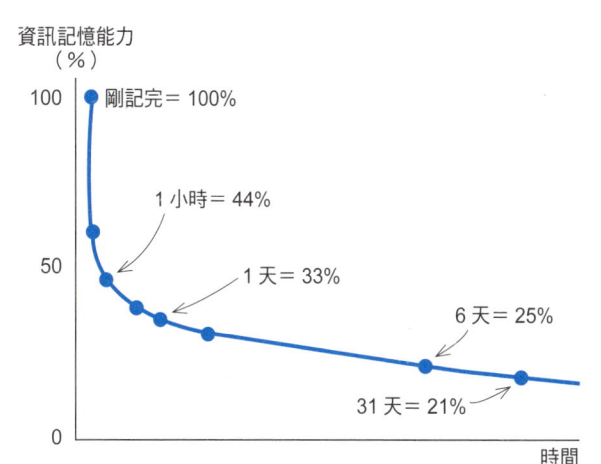

圖表 2-1　記憶隨時間變化的維持程度

資訊記憶能力
（％）

- 剛記完＝100％
- 1 小時＝44％
- 1 天＝33％
- 6 天＝25％
- 31 天＝21％

時間

自然浮現。例如，營業部門的目標是銷售量，製造部門的目標是生產量，成本部門的目標則是成本節省金額。每個部門的成員都為了達成這些目標而努力工作。儘管不同產業與職務的性質和內容各有差異，但所有組織都有一個共通點：一定會有一個可量化的目標，這是不可或缺的基礎。

2. **找出「組織內經常使用的關鍵數字」**。例如，金融業者需要掌握「**利率**」和「**經濟成長率**」、石

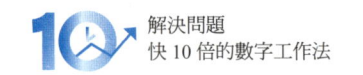

化業則需要關注「**國際油價**」、國際貿易從業人員則需隨時了解「**匯率**」……如果能提前掌握這些數字，不僅能大幅節省工作時間，還能提升效率。要在數字洪流中不迷失，穩穩抓住重點，就需要牢記工作中經常提及並使用的數字，同時密切觀察這些數字的變化趨勢及影響。

隨著工作年資增加，偶爾會遇到同事說：「應該理解數字，怎麼能死背呢？」這時不妨想想，為什麼小學時我們要背九九乘法表？因為只有熟記乘法表，才能輕鬆運用乘除法這些基礎運算。而前文提到的數字概念，在數字工作中，就像九九乘法表一樣，是不可或缺的基本工具。

像背九九乘法，牢記重要數字

驅動組織運作的核心數字
- ▶ 目標銷售額、目標生產量、目標成本節省額……

組織內經常使用的關鍵數字
- ▶ 利率、經濟成長率、國際油價、匯率等關鍵數值

STEP 2
09. 像背九九乘法，牢記重要數字

> 為了不迷失在數字洪流中，
> 必須掌握並記住核心數字與常用數字。
> 當工作陷入不確定時，
> 這些數字就如定海神針，
> 為你穩住全局，指引方向。

解決問題
快 10 倍的數字工作法

10 解讀時，先釐清數字的具體含義

週二 11:20

> 代理，您大學時，有沒有遇過課程評分從「相對評價」改成「絕對評價」的情況？

> 有的，之前採用「相對評價」時，即使拿到 90 分，也拿不到 A。但換成「絕對評價」之後，分數提升了不少，所以我更喜歡「絕對評價」的評分方式。

> 聽起來很有道理。不過，我覺得如果絕對評價讓拿 A 的人變多，評分的鑑別度就會下降。而且，競爭獎學金的人多了，競爭也更激烈了。

> 嗯，聽您這麼說，確實各有優缺點。我也很好奇，現在大學的評分制度是採用怎樣的方式。

提出「破壞式創新」[*]理論的美國經濟學家克萊頓・克里斯坦森（Clayton Christensen）曾說：「想成為優秀的經濟學家，當聽到別人說『早安』時，你應該追問『早』的定義是什麼？」

雖然我們不是經濟學家，但對於每天需要處理各種事務並做出決策的上班族來說，定義標準同樣重要。尤其**在解讀工作中的各類數字時，更需要先釐清數字的具體含義，才能進一步分析**。

韓國自 1994 年起實施的大學修學能力測驗[†]（簡稱修能），每年都因考題難易度不一而引發爭議。有些年份考題偏難，有些年份則偏簡單，讓考生感到困惑。特別是從 2005 年開始，考生可以自由選擇應試的科目與領域，導致每位考生的應試內容不同，讓保持考試難度一致變得更加困難。

---

* 是指將產品或服務透過科技性的創新，並以低價、低品質的方式，針對特殊目標消費族群，突破現有市場所能預期的消費改變。
† 대학수학능력시험，韓國每年舉辦的大學考試，原本叫做「大學修學能力考試」，因為單字太長，而簡稱為「修能」。

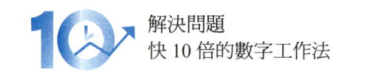

由於原始分數無法解決各科目之間的難易度差異，韓國教育部引入了標準分數制度。如果說原始分數是與總分相比的「絕對分數」，那標準分數則是基於原始分數，結合平均值和標準差計算出的「相對分數」。

舉例來說，A 在 2017 年的修能考試國文科考了 90 分，2018 年重考時同樣拿到 90 分。但這兩年的標準分數卻不同，原因是 2017 年和 2018 年的考試難度不一樣，分數的相對價值也因此不同。

在工作中，數字的解讀方式也會因為採用「絕對標準」或「相對標準」而有所不同。「絕對標準」指的是根據預設的基準來判斷，超過基準即為達標，低於基準則不達標。例如，判斷每月銷售目標是否完成，就是依照預先設定的絕對數值來決定的。

相對標準，是以個人的表現，與群體或其他對象進行比較後，做出判斷的方式。例如，A 部門每年進行能力考核，B 員工在滿分 100 分的測驗中拿到 90 分，按照絕對標準，他的表現已經很優秀。但如果同部門的

10 名員工中,有 8 人拿到 100 分,那麼從相對標準來看,B 員工的表現就顯得一般。

使用相對標準時,必須將性質相似的對象進行比較。否則,不僅比較的基礎無法成立,也很難找出真正的差異。

再回到剛才的例子。如果部門裡 10 名員工,有 8 人拿到 100 分,另有 2 人拿到 90 分,而這 8 名滿分員工的年資都超過 10 年,90 分的 2 人則是入職不到 1 年的新人,這種情況下,用相對標準來評價是否合理呢?

要正確使用相對標準,應先將對象進行分類。例如,可以將員工按照年資分為 10 年以上和 10 年以下,再分別進行比較和評估。接下來,將探討使用相對標準時,可能出現的常見錯誤。

圖表 2-2 顯示了 A 到 D 工廠單月的 TV 生產量。從絕對數據來看,A 工廠的生產量最多,其次是 C、D、B。然而,只是因為 A 工廠規模最大,就認為它的生產效率最高,這樣的解釋是否合理呢?接下來,我們逐一

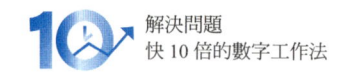

分析。

圖表 2-2　TV 單月生產量

工廠	A 工廠	B 工廠	C 工廠	D 工廠
生產量（台）	10,000	2,500	8,000	4,000

1. 哪一間工廠的規模最大？

答案是「無法確定」。如果假設每間工廠生產的產品相同，那麼可以根據生產量來判斷規模大小。但如果 A 工廠生產的是製作難度低、工藝簡單的產品，即使工廠很小，產量也可能很高。相反，若 B 工廠生產的是製造難度高、需要更多設備、材料和人力的新產品，即使產量較低，其工廠規模也可能非常大。

2. 哪一間工廠的生產效率最高？

答案同樣是「無法確定」。生產量高不代表生產效率高，生產效率指的是在投入資源（如設備、材料、人

力）後，所產出的生產量比例。然而，這張表中並未提供 A 到 D 工廠的資源投入數據，因此無法準確判斷這四間工廠的生產效率。

如前所述，在使用相對標準比較數字時，我們必須時刻保持注意。此外，當依據既定標準來解讀數字時，通常會給出「做得好」或「做得不好」的評價。那麼，用「做得好」來形容工作，究竟意味著什麼呢？

第一，指的是工作「有效率」，也就是用更少的投入（input）換取更多的產出（output）。 由於公司的資源有限，理想狀況是用最少的資源達到最大的成果。因此，效率成為衡量績效的重要指標之一。

舉例來說，某家航空公司舉辦了一個月的機票促銷活動。要判斷這項活動是否有效率，可以比較促銷期間的廣告與行銷投入，以及機票銷量的成長幅度。但在分析數字時，必須記住，僅看數字的絕對大小是不夠的，還需要結合投入資源和前提條件等因素來綜合判斷。

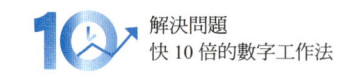

第二，指的是工作「有成效」。成效不考慮投入的資源多少，而是單純以產出為衡量標準。例如，同樣的促銷活動，可以從促銷前後的銷量成長幅度，以及公司品牌知名度或好感度的提升，來評估活動的成效。

此外，在公司彙報進度或呈現成果時，如何準確傳遞訊息並使用恰當的詞彙至關重要。以「改善」與「創新」為例：「改善」指的是修正錯誤或不足，使之更好；而「創新」則是顛覆現狀，創造新的格局。例如，傳統手機轉型為智慧型手機，或是開發出筆記型電腦，這些都是「創新」的經典案例。

簡單來說，「改善」是提升現有事物的效率，而「創新」則是創造全新的事物。要準確解讀工作中的數字，必須先明確判斷標準，並選擇適當的詞彙來說明。

如果需要說服對方接受你的觀點，可以嘗試運用對方的標準與相關數據，再以數字佐證自己的立場。這樣一來，你在日常業務中抓重點、建立標準的能力會大幅提升。

這種態度對日常生活也十分有益，能幫你在新聞中分辨錯誤的數字或不明來源的數據資訊，進一步提升你的判斷力。

> 「絕對標準」是設定固定基準，
> 超過即為合格，低於則為不合格。
> 「相對標準」是透過比較，
> 參考內外部或其他對象的表現後，
> 再做出判斷。

11 簡化複雜資訊的統計方法

週二 13:00

> 營業部長盃足球賽開始了！

> 哇,我們營業部居然第一次踢進複賽!

> 是啊,好緊張。

> 別緊張,第一次進複賽,而且主力選手還有因傷不能上場的。就算成績排在中間也沒關係啊!

> 沒錯,本來就不是每個人都能拿第一嘛。第一次進複賽,能有中間的成績我就覺得很不錯了!

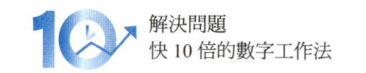

提到統計，大家會想到什麼呢？很多人一聽到這個詞，就覺得複雜又難懂，甚至有些陌生。但其實，統計與我們的日常生活密不可分。

例如，我們平時常說的「只要保持低調，至少能中等吧！」「我成績剛好在中間！」這些日常對話中的「中間」一詞，背後其實隱含了統計學的意義。你知道嗎？「中間」正是統計中的一種「代表值」。

在統計學中，代表值是用來概括整體資料特徵的一個關鍵數值。例如，韓國職場人的平均年薪，或首爾公寓的中位價格，這些都是代表值的典型例子。

常用的代表值有「平均數」、「中位數」和「眾數」。這些代表值的共同點是用一個數字來表達所有數據的中心或中間位置，其差異見圖表 2-3。

回到本章節一開始的對話：「成績排名在中間也沒關係」，這裡的「中間」代表哪一種代表值呢？這句話的意思是，將所有參賽隊伍按分數排序後，位於中間的位置就可以接受，而這正是「中位數」的概念。即使不

圖表 2-3　代表值的種類

平均數	中位數	眾數
將所有數據相加後，除以數據的總數所得到的值。 在日常生活中最常用的代表值，如平均分數、平均價格等。	將所有數據按大小順序排列後，位於中間的數值。 平均數容易受到極端值的影響，而中位數則不受影響。	數據中出現頻率最高的數值， 用來表現數據的中心，並具有代表性。

懂統計學，其實我們已經在日常生活中，自然而然運用了這些數字概念。

統計學最大的優點，就是能將複雜的數據整理得清晰明瞭。**透過統計對資料進行整理與摘要，可以有效將複雜的資訊「簡化」**。特別是在工作中，統計常用平均值和變異數來解讀資料特徵。變異數是一個基礎數值，能從宏觀角度掌握數據的集中或分散程度。只要稍加練習，就能輕鬆將這些工具運用到工作中。

歷史上，有一位巧妙將統計學融入工作的代表人物，那就是英國「白衣天使」佛羅倫斯‧南丁格爾

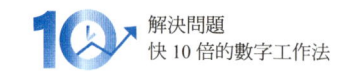

（Florence Nightingale）。她在戰場上發現，士兵的主要死因並非戰鬥負傷，而是醫療設施的衛生問題導致的傳染病或營養不良。為了解決這些問題，她認為改善軍營和醫院的環境迫在眉睫。

經過兩年的調查，南丁格爾將統計資料整理成直觀易懂的圖表，成功說服他人帳篷和醫院是最需要優先改善的地方。隨著環境改進，短短五個月內，軍人死亡率便42％大幅下降至2％。

假如你要提出一個新方案，**除了找出支持方案的數據，還需要學會如何正確解讀這些數據，這才是說服他人的關鍵**。

為了判斷自己使用的數字是否在工作中具有意義，了解數字的「相對位置」非常重要。在這過程中，請記得統計學的概念。透過「平均值」，可以了解數字的高低，而利用「變異數」，則能看出數據的集中或偏離程度，從而簡單整理資料。接下來，將更深入了解平均值和變異數。

> 白衣天使南丁格爾
> 既是優秀的護士,亦是傑出的統計學家。
> 南丁格爾在看顧病人之餘,
> 其運用統計學所拯救的士兵生命
> 更是不計其數。

12 工作中最常用的 數字──平均值

> 週二 14:10
>
> 👤 次長,昨天的營業額是多少?
>
> 👤 1 億韓元。
>
> 👤 看起來比平常還少,那上週與上個月的平均營業額是多少呢?
>
> 👤 上週是 2 億韓元,上個月是 2 億 5,000 萬韓元。
>
> 👤 原來如此,昨天的營業額確實比平常少。

12. 工作中最常用的數字──平均值

在工作中，最常用的計算方法就是算出「平均數」。 如果稍微誇張一點來說，幾乎所有的工作對話中都會用到平均值。由於使用頻繁，大家普遍認為自己已經很了解平均值的概念。其實，平均就是將 n 個數值的總和除以 n，對吧？然而，能夠準確理解平均值的人，實際上並不多。

在學生時期，我們常會在成績單上看到平均成績。比如說，八個科目總分為 560 分，那麼平均就是 70 分。這種算出的平均數叫做「算術平均數」，也就是我們通常所說的平均數。

$$算術平均數 = \frac{a_1 + a_2 + a_3 \cdots + a_n}{n}$$

雖然使用算術平均數來計算平均值可以簡化計算，但也會帶來一些問題，最主要的問題是受到極端值的影響，從而產生偏差。如果數據中有過大或過小的數字，平均值就會被扭曲。例如，如果擁有天文數字年薪的比爾‧蓋茲被某公司挖角，該公司的平均年薪將大幅上

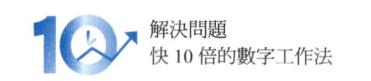

升，但大多數員工的年薪卻會低於這個平均值。也就是說，由於比爾‧蓋茨的年薪屬於極端值，導致整體員工的平均年薪出現偏差。

為了讓算術平均數發揮其價值，可以將極端數值刪掉後再計算，這樣得出的數值叫做「截尾平均數」。例如，「10％截尾平均數」指的是將最小的10％和最大的10%％數據排除，然後用剩下的數據計算算術平均數；而「0％截尾平均數」則與算術平均數相同。

截尾平均數的一個典型例子是，奧運的韻律體操計分方式。在這項比賽中，會去掉評審給出的最高分和最低分，然後將其餘分數加總計算平均，這樣就能有效避免極端值帶來的偏差。

10％截尾平均數：先刪掉數據中前後各10％極端值，再計算算術平均數。

20％截尾平均數：先刪掉數據中前後各20％極端值，再計算算術平均數。

STEP 2
12. 工作中最常用的數字—平均值

　　根據圖表 2-4 計算各分店的年營業額，首先，算出的算術平均數為 90 億韓元（約新台幣 2.1 億元）。扣除極端值 A 店和 J 店後，計算得出的「10％截尾平均數」為約 70 億韓元（約新台幣 1.6 億元）。從算術平均數來看，只有 A 店的營業額超過 90 億韓元，無法將 90 億視為所有分店的平均營業額；但根據「10％截尾平均數」計算，70 億韓元則可合理作為平均營業額。

圖表 2-4　各地分店年營業額

販賣地點	A	B	C	D	E	F	G	H	I	J	總和
銷售額	340	82	80	75	70	67	60	54	52	20	900

（單位：億韓元）

- 算術平均數：$\frac{900}{10}$ = 90 億韓元
- 10％截尾平均數：$\frac{540}{8}$ = 67.5 億韓元
- 20％截尾平均數：$\frac{406}{6}$ = 67.6 億韓元

　　運用截尾平均數時，須確認數據兩端是否都存在極端值。如果極端值僅存在於最大或最小數字，則刪除另

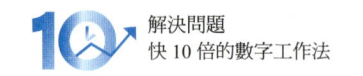

一端的數據就沒有意義。

此外,**算術平均數也不適用於有乘法關係的數據**。例如,若要從公司的年成長率數據計算過去兩年的年平均成長率,該使用哪種平均數呢?

這時候應該使用「幾何平均數」。**幾何平均數,是指乘積的平均值**。聽起來有點複雜嗎?這類數據通常包括「**回報率**」、「**增加率**」、「**成長率**」、「**上升率**」等。

在公司年底或年初的報告中,我們經常會看到「CAGR」這個術語。CAGR 是 Compound Annual Growth Rate 的縮寫,代表「年均複合成長率」,在計算這個值時就需要使用幾何平均數。

$$幾何平均數 = n \text{ 個數值相乘後開 } n \text{ 次平方根}$$
$$= \sqrt[n]{a_1 \times a_2 \times \cdots \times a_n}$$

以圖表 2-5 為例,2020 年銷售成長率為 5%,2021 年為 10%。如果用算術平均數計算,結果是 7.5%;但

如果使用幾何平均數,則為 7.1%。

圖表 2-5　年度成長率

2020 年	5%
2021 年	10%

- 算術平均數：$\frac{(10+5)}{2} = 7.5$
- 幾何平均數：$\sqrt{10 \times 5} \fallingdotseq 7.1$
- 誤差值（%）：$\frac{（算術平均-幾何平均）}{幾何平均} \times 100$

一般來說,算術平均數通常大於或等於幾何平均數,當變數值的差異越大,兩者的誤差也會越大,因此選擇合適的平均計算方法至關重要。

公司通常根據過往的業績來掌握當前的成長率,並預測未來的平均成長率。也就是說,**「平均」已經成為公司決策的重要依據。如果選擇錯誤的平均數,隨著數字的變動,可能會誤導公司制定錯誤的營運方針**。接下來,探討圖表 2-6 可能出現的問題。

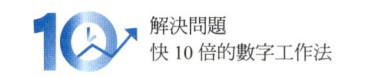

圖表 2-6　變數值差異造成的誤差變化

變數值	CASE 0	CASE 1	CASE 2	CASE 3	CASE 4	CASE 5	CASE 6	CASE 7
2019 年年成長率	10	10	10	10	10	10	10	10
2020 年年成長率	10	9	8	7	6	5	4	33
算術平均數	10.0	9.5	9.0	8.5	8.0	7.5	7.0	6.5
幾何平均數	10.0	9.5	8.9	8.4	7.7	7.1	6.3	5.5
差異（算術平均-幾何平均）	0.0	0.0	0.1	0.1	0.3	0.4	0.7	1.0
誤差	0.0%	0.0%	1.1%	1.1%	3.8%	5.6%	11.1%	18.1%

　　以圖表 2-6 的 CASE5 為例，該公司年均銷售成長率的算術平均數（7.5％）與幾何平均數（7.1％）之間的誤差為 0.4％，換算成年均成長率（7.1％）後，誤差甚至接近 6％。這是一個相當大的誤差。假設公司每年投資 1000 億韓元，則會產生 60 億韓元的投資波動；若年生產量為 300 萬件產品，則可能需要額外生產 15 萬

件。使用錯誤的數字不僅會導致不必要的投資,還可能讓公司做出超出自身能力範圍的決策。

最後,**算術平均數的問題之一是無法考慮多個變數**,「平均速率」就是最經典的例子。當速率是由「時間」和「距離」兩個變數決定時,使用算術平均數計算的結果可能會大於或等於實際值。在這種情況下,建議使用調和平均數來進行計算。

$$調和平均數 = \frac{n}{\frac{1}{a_1} + \frac{1}{b_1} + \cdots + \frac{1}{x_n}}$$

$$= \frac{2ab}{a+b} \text{(假設 } n \text{ 等於 2)}$$

假設要將部件從 A 工廠運送到 B 工廠,總距離為 100 公里,前半段以時速 100 公里行駛,後半段則以時速 50 公里行駛,那麼從 A 工廠到 B 工廠的平均速度是多少?

如果使用算術平均數公式來計算,則為 (100+50)

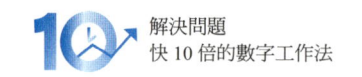

÷2=75,得出的平均速度是每小時 75 公里。然而,若以時速 75 公里計算,行駛 100 公里應該需要 1.3 小時(100÷75),但這與實際情況不符。實際上,前半段以時速 100 公里行駛需要 0.5 小時,後半段以時速 50 公里行駛則需要 1 小時,總共花費的時間是 1.5 小時。(見圖表 2-7)

圖表 2-7　移動距離與速率變化

A 工廠 → 中間點	100km/h
中間點 → B 工廠	50km/h

- 調和平均數:$\frac{2 \times 100 \times 50}{100+50}$ = 66.6 km/h

如果只使用算術平均數,容易得出錯誤結果,進而產生各種誤差。特別是在工作中,即便是小小的失誤,也可能引發大問題,因此必須格外小心。

在職場上,計算平均數是日常工作中常見的操作,更凸顯了精準計算的重要性。了解在不同情況下該選用何種平均計算方法,將使處理數字變得更輕鬆。

12. 工作中最常用的數字──平均值

> 公司根據過往業績掌握成長現況,
> 同時預測未來的平均成長率。
> 「平均值」是決策的基石,
> 若不慎誤用,
> 將可能引導錯誤的經營方向。

解決問題
快 10 倍的數字工作法

13 善用數據分布的現象，找出個別問題

週二 14:00

> 代理，您感冒了嗎？

> 上週末去旅行時，因為太相信平均溫度，所以就穿得很少。

> 天氣預報不準嗎？

> 平均溫度還算準，但日夜溫差太大，實在是冷得受不了。晚上氣溫驟降，可能因為衣服穿太薄才感冒。

假設某家餐廳每人提供150公克的肉,雖然每位顧客獲得的重量相同,但肉的脂肪和瘦肉比例會有所不同。有些肉的瘦肉和脂肪比例適中,有些則可能瘦肉較多、脂肪較少,或者相反。因此,雖然每位顧客獲得的肉重相同,但脂肪的比例卻會有所不同。

平均數是用來表示數據特徵的指標,如果必須用一個數字來表達數據,平均值是最合適的選擇,可以表示數據的集中程度。然而,光靠平均數來理解數據的性質,仍然有限。

雖然韓國首爾和土耳其首都安卡拉的年均氣溫大約都是12度,但按月來看,兩者差異相當大。根據,首爾1至2月冬季月均溫降到攝氏-2.4度,7至8月夏季月均溫則升高到25.7度(1981年至2010年的資料)。而安卡拉1至2月冬季月均氣溫是0.4度,夏季月均氣溫則為23.6度(1954年至2013年的資料)。因此,雖然年均氣溫相同,但兩地的極端氣溫和月均氣溫差異很大,光憑年均氣溫的數據,無法判斷兩地生活環境是否相似。

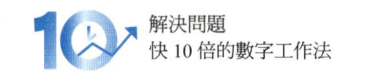

此外，平均數的限制也可以在成績比較上發現，假設兩位學生的平均 GPA[*]成績皆為 4.0，其中 A 學生的專業科目成績較高、通識科目成績較低，而 B 學生的專業科目成績較低、通識科目成績較高。要比較兩位學生誰的成績更好，還需要根據具體情況來分析。

如果想要更深入理解數據的性質，除了平均數，還需要關注另一個重要指標 —— 平均偏差。平均偏差是基於平均數來衡量數據的分布範圍，透過比較每個數據與平均數之間的差距，可以更全面理解數據的變化。

平均偏差 = 數值 - 平均數
（由於平均偏差的總和為 0，為了避免該情況，通常會用其平方值進行運算）[†]

---

[*] GPA(Grade Point Average)，就是學科成績的平均績點。GPA 越高即表示學術成就越高、學習潛力越好，也因此 GPA 的表現往往成為海外學校錄取學生最重要的參考指標。

[†] 比平均數大的減後是正值，比平均數小的減後是負值，相加以後正負相抵就會變成 0，為避免該狀況，通常會取其絕對值或平方後再進行運算。

觀察數據的平均偏差，能夠發現單靠計算平均數無法察覺到的問題。平均數以一個數字來表示數據的集中情況雖然能夠用平均數來簡單表達，但如果只看平均數，會難以了解更多細節。就像前文提到的 GPA 成績比較，兩位學生的平均成績相同，看起來沒有問題，但如果觀察成績的平均偏差，就能發現其中的差異。

在公司解決問題的初期，通常會先關注平均數。舉例來說，如果要提升工廠設備的運作效率，初期會集中解決設備的共同問題，像是軟體性能限制、零件更換頻繁或生產瑕疵，這樣可以提升整體設備的平均產能。

然而，隨著時間推進，這種方法的改善效果會逐漸減少。這時，需要將焦點從整體設備轉向單個設備，**找到具體的個別問題，減少與平均數的差異**。

那麼，如何衡量平均偏差呢？

第一種方法是計算「**最大值與最小值之差**」，這個差值稱為「全距」（range，或稱極差）。全距永遠大於 0，由此可知數據的分布範圍，但無法掌握中間數值

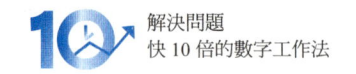

的問題。

圖表 2-8　每日設備產能

	1日	2日	3日	4日	5日	6日	7日
A設備	80	81	81	82	83	87	90
B設備	80	83	87	88	89	89	90

（單位：%）

在圖表 2-8 中，A 設備和 B 設備的產能全距雖然都為 10％，但 A 設備的產能數值主要集中在最小值 80％上下，而 B 設備的產能則幾乎全都集中在最大值 90％上下。雖然兩者的數據範圍相同，但在同樣範圍內的數值表現卻截然不同。

接下來，第二種方法是掌握「**各數值與平均數之間的偏差**」。在一組數據中，所有數值的平均偏差總和永遠是 0，因此無法直接反映偏差情況。為了解決這個問題，可以將每個偏差平方後取平均，再開根號，這樣計算出來的數值就是「標準偏差」。

得知標準偏差後，不僅可以知道全距內最大和最小

值的範圍,還能掌握整體數據的偏差程度。標準偏差越小,表示數據越穩定。在實際業務中,這意味著設備效能或營業門市的銷售波動較小。

透過同時掌握和運用多個衡量數據分布的指標,可以準確理解數據的分布情況。「全距」可以幫我們了解數據的範尸圍,而標準偏差則能顯示整體數據的分布情況。如果再進一步計算數據的「偏度」[*],可以了解數據的偏斜程度(非對稱性);計算「峰度」[†]則有助於掌握數據的集中程度。這些數據分析方法,可以多角度理解數據的特性,從而更精準洞察現象,並有效解決問題。

---

[*] 也就是資料呈現的「歪斜」程度,可以了解資料分布是否對稱,是否向左或向右傾斜。
[†] 可以了解資料的集中程度,數值越高,表示資料越集中;數值越低,則表示資料越分散或越平坦。

解決問題
快 10 倍的數字工作法

14 發現數值異常，可能獲得意外成果

週二 15:15

> 課長，我發現資料有點奇怪。

> 哪裡奇怪？

> 我正在整理上個月的商品銷售報表，發現有一天 A 商品的銷量竟然比月平均高出了 60 倍。

> 真假？你先查查是哪一天，然後再找出銷量暴增的原因。

> 好的，將那一天的銷售量算進去後，月平均銷量與實際銷量的差距真的很大。

14. 發現數值異常，可能獲得意外成果

　　假設檢視一群員工處理 A 業務所花費的時間，大多數員工都花了約 10 分鐘，但其中一位員工卻花了 180 分鐘。經過了解，發現他比其他人花了更多時間，因為他是上週才到職的新人。雖然這位新員工能夠完成工作當然值得讚許，但如果將他的數據與其他員工比較，就會發現有很大的差距。

　　企業的銷量變化無常，有時銷售穩定幾天後，就會產生變數，意外狀況突然發生常有所聞。這些變數可能來自於外部因素，如競爭對手或經濟狀況等，也可能來自內部的生產限制等因素。雖然不常見，但也可能因為大雨或大雪等天氣災害，造成銷售大幅下降；而名人或網紅的推薦，則有可能迅速提升銷量。

　　在處理營業額這類的數據時，難免會意外發現極端數字而造成困擾的情況，這些數字可能遠超出數據範圍或跟其他數據差異過大，稱為「異常值」或「離群值」。**如果數據中有異常值，結果可能會被扭曲，進而導致錯誤的解讀**。因此，在整理數據時，必須剔除這些異常值。

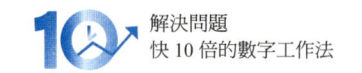

舉例來說，假設 A 商品的月平均銷售量是 1,000 件，但今年 12 月卻賣出了 50,000 件，這是因為 S 企業為了員工的尾牙禮物，而大量採購 A 產品。如果將 12 月的銷量計入月平均銷售量中，那麼計算出來的數字將無法真實反映 A 產品的月均銷量。

在這種情況下，雖然可以使用先前提到的截尾平均數來處理，但如果目標並非計算平均數，這種方法就不再適用。最終，還是得找出並剔除數據中的異常值，而**最簡單的方法就是運用「四分位距」*的「盒狀圖」，辨識這些異常值**。

四分位距將整體數據按 25% 的比例分為四等分（見圖表 2-9），將數據按升序或降序排列後，位於下方 25% 的數值為第一四分位數（Q1），位於上方 25% 的數值為第三四分位數（Q3）。這樣可以透過這些數值

---

* 四分位數，即把所有數值由小到大排列並分成四等分。四分位距（Interquartile Range, IQR），是數據集中上四分位數（Q3）與下四分位數（Q1）之間的差值，用來衡量數據中間 50% 範圍的分布。IQR 常用於盒狀圖中，顯示數據的集中程度及異常值。盒狀圖中的盒子長度即為四分位距。

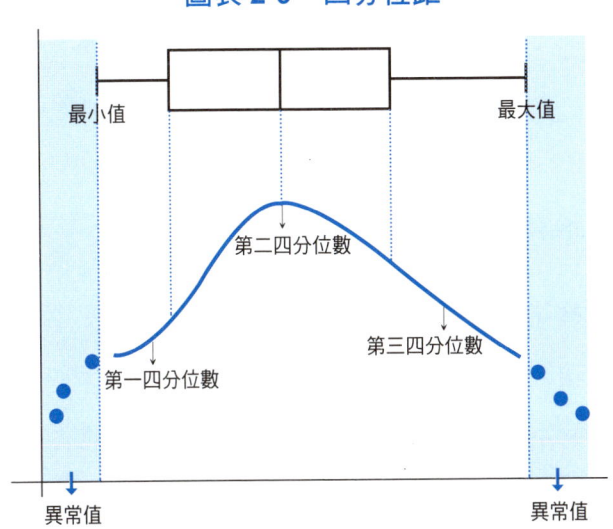

圖表 2-9　四分位距

最小值　　　　　　　　　　　　　　　最大值

第二四分位數

第三四分位數

第一四分位數

異常值　　　　　　　　　　　　　　異常值

來確定數據的上下邊界，並找出超出範圍的異常值。

然而，異常值也可以在某些情況下發揮作用。如果不以全面觀察數據為目的，而是專注於分析異常值的成因，則可以將其結果應用到實際操作中，解決問題。

延續前述 A 商品 12 月的銷量為例，雖然銷量暴增的原因可歸咎於 S 企業的單次大量採購，但也可以視為全新的挑戰，將「持續的大量銷售」當作目標，並加強

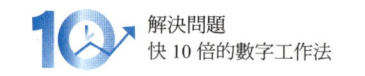

未來的 B2B 銷售與行銷。此外，若某些月份銷量大幅低於平均，對比其他銷量表現好的月份，便能挖掘出提升銷量的關鍵。**透過分析異常值的原因，不僅能找到問題的起因，還可能透過一次意外的銷售目標達成，發現解決問題的答案。**

同樣地，在設備效能表現特別好的情況下，也可以將成功經驗應用於低效能設備。即使是同型設備，某些設備的效能或性能指數，也可能遠高於其他設備。這時，可以分析這些設備，找出它們高效運作的原因。如果發現是因為更換了 A 零件而使得效率提升，那麼可以將這套方法運用到其他設備上。

總之，**有效運用異常值，可以發現問題，並提升業務績效**。因此，當在工作中發現異常值時，別太過慌張，試著從中找出價值，或許會有意想不到的成果。

> 在整理數字時，
> 難免會發現意外的異常值。
> 這時，必須做出抉擇：
> 要為了避免結果偏差，而剔除異常值，
> 還是運用異常值來制定策略，
> 把問題化為機會。

15 觀測數據變化的三大時間點

週二 17:40

> 代理，請問在新冠疫情爆發前的 2017 年至 2019 年，全球影劇市場的票房情況如何？

根據全球電影產業的劇院票房占比，2017 年是 48%，但到了 2020 年下降到 42%，呈現減少的趨勢，儘管如此，依然維持在 40% 左右。然而，到了 2021 年，大幅下滑只剩 15%。

> 那麼，韓國與其他主要國家的電影院恢復情況如何？

根據 2019 年和 2021 年的數據，韓國的恢復率約 30%，跟其他主要國家相比，算是低迷。中國和日本的恢復率已達 70%，英國和美國則超過 40%。跟 2020 年比起來，已經相差不大。

> 如果想要說服相關部門放寬疫情期間對劇院的規制，您覺得應該用哪一組數據會比較有說服力？

《準確預測未來趨勢的思考術》作者佐藤航陽曾說:「看不見趨勢,就無法制定對策;沒有對策,就無法付諸行動。」**數據的價值在於,能清晰呈現當下的狀況與水準,但如果樣本不足或蒐集時間過短,數據的解讀力也會大打折扣。**

想像一名棒球選手,在比賽關鍵時刻被三振出局,第一次看到的觀眾可能會嘆道:「這傢伙真差勁,趕快讓他下場吧!」但事實上,他卻是聯盟的全壘打王,單季轟出過 60 支全壘打。即使在那一刻他被三振,他依然是隊中的頂尖強棒。

以美國棒球史上的傳奇人物貝比・魯斯(Babe Ruth)為例,儘管他被三振的次數多於全壘打,但我們記住的,仍是他那一支支令人振奮的全壘打(見圖表 2-10)。

單憑第一次的經驗或印象來判斷一件事,往往容易出錯。那麼,樣本數量究竟要多少才算足夠呢?如果樣本數(如棒球紀錄)過少,缺乏代表性,就可能導致對

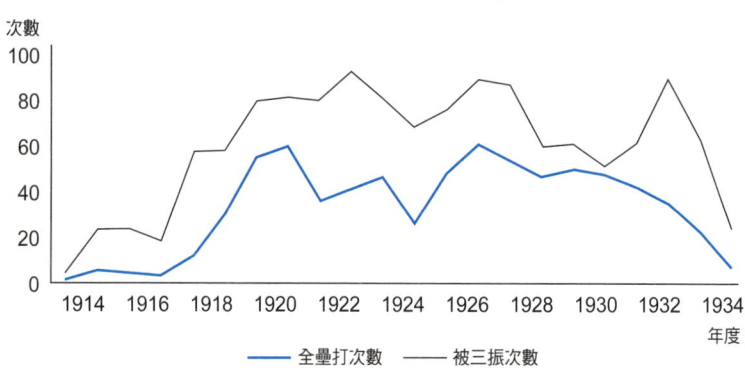

圖表 2-10　貝比‧魯斯的全壘打與三振趨勢

「母體」*的錯誤推斷，像是貝比‧魯斯的整體表現。而隨著樣本數量增加，樣本分布的精準度會隨之提高，更能精準估算出平均值。

因此，**掌握某一特定時間點的現象固然重要，但觀察數據隨「時間順序」的變化也不可或缺**。這樣的分析可以帶來以下三個層面的理解：

---

*　statistical population，指的是整體數據或樣本來源的總體。

STEP 2
15. 觀測數據變化的三大時間點

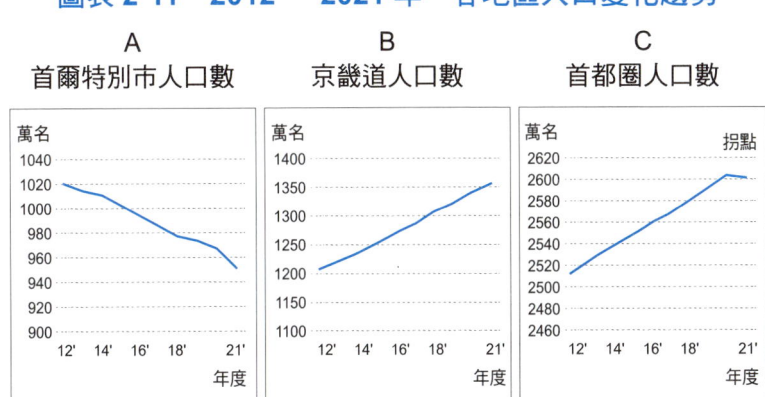

圖表 2-11　2012～2021年，各地區人口變化趨勢

A
首爾特別市人口數

B
京畿道人口數

C
首都圈人口數

趨勢：留意「轉折點」和「方向改變」

如果一組數據在長期內呈現增加或減少的趨勢，就可以說該數據具有某種趨勢。在圖表 2-11 的三張趨勢圖中，A 圖表顯示首爾特別市人口呈下降趨勢，B 圖表則顯示京畿道人口呈上升趨勢。進一步分析兩圖表的線性趨勢斜率時，趨勢的意義會更加清晰，而**斜率突然變陡或趨緩的時間點，則稱為「轉折點」**。

然而，**趨勢不一定總是呈現線性變化，可能由增加轉為減少，或由減少轉為增加**。根據 A、B 地區人口數

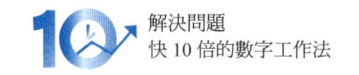

合併製成的 C 圖表可見，首都圈人口在 2020 年前持續成長，但在 2021 年出現下降，這稱為「**趨勢方向改變**」，而發生改變的時間點則稱為「**拐點**」。

季節性：以規律的頻率出現

如果以一年中的特定季節、月份或週為基準，發現同一天的數據呈現固定規律，就可以說它具有季節性。季節性通常以規律的頻率出現，例如夏天冰淇淋的銷售量會增加，冬天則會減少。此外，將賣場平日（週一至週五）與週末（週六、週日）的銷量相比，也可以看出季節性的差異。

圖表 2-12 顯示了 Google 流量的季節性特徵（11 月至 1 月的數據為主）。所謂流量，指的是網絡上伺服器數據的流動量。當大量使用者同時連接網路時，隨著請求與回應次數的增加，數據量也會暴增。這種現象通常集中在特定日期，例如大學選課日或演唱會門票開售日。但如果分析一整年的流量數據，便能發現其中的季

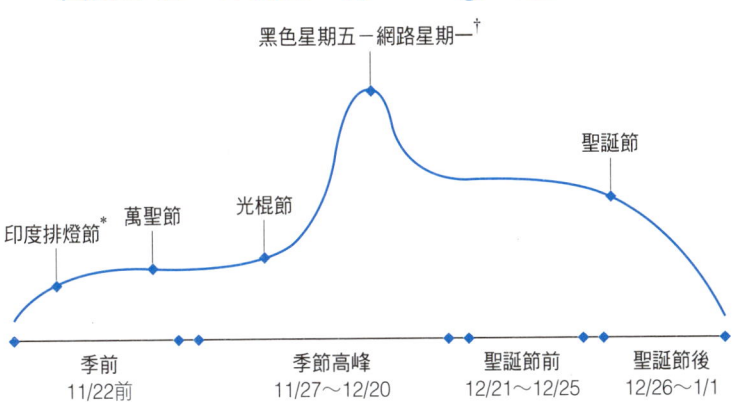

STEP 2
15. 觀測數據變化的三大時間點

圖表 2-12　11 月至 1 月，Google 流量的季節性

黑色星期五－網路星期一[†]

聖誕節

印度排燈節[*]　萬聖節　光棍節

季前	季節高峰	聖誕節前	聖誕節後
11/22前	11/27～12/20	12/21～12/25	12/26～1/1

節性規律。

　　根據分析結果，Google 的流量高峰主要集中在美國最大的節日──感恩節前後，大致從 9 月持續至 12 月底。而所謂「網絡星期一」（Cyber Monday），即感恩節後的第一個星期一，被視為黑色星期五的網絡版

---

[*] 又譯為萬燈節、印度燈節，也稱光明節，或者屠妖節，是一個五天的節日，於每年 10 月下旬或 11 月上旬舉行，印度教徒視排燈節為一年中最重要的節慶。

[†] 網路星期一為每年 11 月 27 日，是美國感恩節假期後的一項常年促銷項目，通常是零售業將營業額從赤字轉變為黑字的時間，商家降價促銷，尤其是網路商家，以刺激消費者購物需求。該節日又稱為一年之中線上購物快速銷售的日子。

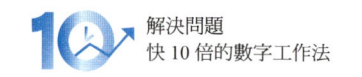

本。這一天，回到日常生活的消費者紛紛湧向線上購物平台，帶動銷售額迅速攀升。此時，多數網絡購物商家會推出大規模折扣活動，而廣告主則可藉由掌握流量的季節性特徵，最大化廣告效果，達成更理想的行銷成果。

週期性：有規律的增減趨勢

雖然無法從趨勢圖的固定時段中找到特定模式，但可以觀察到數據呈現出有規律的增減趨勢。這類特性以「週期不固定」為主，**典型例子是反覆出現上升與下降的「景氣循環」**，其中「10年經濟危機論」便是幾年前經常被提及的代表性案例。

如果能根據時間軸逐一分析「趨勢」、「季節性」和「週期性」，對業務指標的解讀將更具意義。根據工作需求，無論是全面分析這三大特徵，還是聚焦於趨勢來找出轉折點與趨勢變化的拐點，這些觀察和應用都能為業務帶來新的洞見與價值。

16 有關聯的數據，不一定有因果關係

週二 18:20

> 前輩，我覺得公司人數增加，好像帶動了營業額的成長耶。

> 如果相關係數是 0.8，的確顯示兩者有很強的正相關。

> 所以員工增加應該是真的有助於提升銷售吧？

> 不一定哦，也有可能是因為營業額增加，才需要增加人力，或者是因為公司推出了引領市場的新技術和新產品，帶動了銷售成長。

> 原來有相關，並不代表一定有因果關係啊！

在推出四款機身顏色的手機之前，K 電子公司曾針對不同顏色的手機，在各年齡層的銷售表現進行調查。分析數據時，常見的做法是將「年齡層」和「銷售額」配對比較。類似的分析還包括賣場大小與銷售額、從業人員數量與銷售額、商品價格與顧客滿意度⋯⋯這些數據配對的目的，是為了確認兩者之間的相關性。

將配對過後的數據，繪製成圖表時，會呈現出由許多點組成的「散點圖」*。**透過散點圖，可以更直觀地觀察數據的分布情況，快速掌握數據的趨勢與潛在關係。**

圖表 2-13 的散點圖中，橫軸（X 軸）代表年齡區間，縱軸（Y 軸）代表銷售額，數據為隨機設置的模擬資料。從圖中可以看出，①的白點分布顯示，隨著 X 變量（年齡）的增加，Y 變量（銷售額）也隨之上升，這種情況稱為正相關；而③則呈現出年齡增加時，銷售額下降的情況，這被稱為負相關；至於②和④，兩者的分布

---

* 散點圖，也稱為散布圖，是顯示兩個變數之間關係的圖表。直觀顯示數位變數之間關係，可以讓讀者立即瞭解某種關係或趨勢。

STEP 2
16. 有關聯的數據,不一定有因果關係

顯示 X 與 Y 變量之間沒有明顯的關聯性,表示相關性極低或完全不存在。

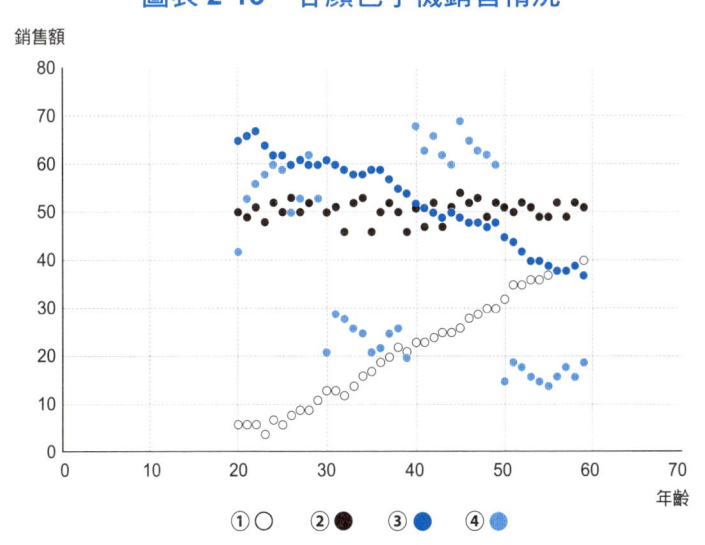

圖表 2-13　各顏色手機銷售情況

①白色	隨年齡增加,銷售額增加
②黑色	不分年齡,銷售額皆固定
③粉紅色	隨年齡增加,銷售額減少
④藍色	20～40 歲族群的銷售額較高,而 30～50 歲族群則相對較低

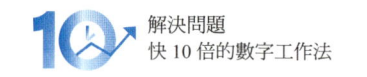

「相關係數」用來表示橫軸與縱軸之間關聯性的強弱，其值介於 -1 到 1 之間。越接近 1 表示兩者的正相關越強，越接近 -1 則表示負相關越強。

以圖表 2-13 為例，年齡層與銷售額呈現出先升後降的變化，雖然相關係數接近 0，但這並不意味兩者「沒有相關性」。更準確地說，應該是「從相關係數的角度來看，兩者之間沒有線性關係」，因為相關係數僅適用於判定線性關係。

相關性的例子非常多，例如氣溫對冷氣、暖氣、冰塊、冰淇淋需求的影響，行銷費用與銷售額的關係，或肥胖與疾病的關聯等。如果能正確分析這些相關性，就更有說服力。例如，醫生對患者說：「你該減重了，肥胖是萬病之源。」這句話正是根據肥胖與疾病之間的相關性提出的建議。

關於「相關性」，最需要注意的一點是：有關聯，不等於有因果關係。所謂「相關性」，指的是當一個變數增加時，另一個變數也隨之增加，或當一個變數減少

時，另一個變數也會減少的「現象」。但這並不表示一個變數會直接影響另一個變數的變化。

實際上，將「相關性」誤解為「因果關係」的情況並不少見。即使「相關性」很高，兩者之間可能並無直接影響，甚至可能存在第三個變數導致這樣的結果。這方面一個經典的例子就是「巧克力消費量與諾貝爾獎得主數量的相關數據分析」。

2012 年，美國哥倫比亞大學博士弗朗茲·梅塞利（Franz H. Messerli, M.D.）在《新英格蘭醫學期刊》（*The New England Journal of Medicine*）發表了一項有趣的研究。她發現，「人均巧克力年消費量」與「每百萬人口中的諾貝爾獎得主數量」之間存在正相關。研究顯示，如果某國家國民的年均巧克力消費量增加 400 公克，該國可能會多出一位諾貝爾獎得主。

巧克力中的可可鹼（Theobromine）確實有助於提升大腦活動，但光憑這點就推斷巧克力消費與諾貝爾獎得主之間存在因果關係，未免過於牽強。畢竟，有關

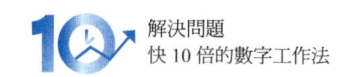

聯不代表一定有因果關係。梅塞利博士也補充指出，經濟水平、教育程度等其他變數，可能對結果產生重要影響，這些因素不容忽視。

由此可見，**了解數據間的關聯性，是提升說服力與邏輯力的重要工作**。然而，在下結論之前，務必仔細檢視是否有其他影響結果的因素。例如，賣場營業額高是因為店面大嗎？還是因為客流量多或店員服務良好呢？在分析數據時，全面考慮各種可能的變數，才能確保數據分析的準確度，避免得出片面的結論。

STEP 3

找出你需要的數字：

「數字組合力」

↓ 13579
↓ 2468

「玉不琢，不成器。」
即使再有價值的數據，
若無法以適當方式呈現，也無法發揮作用。
透過統計分析，能讓數字各得其所，
為冰冷的數據注入生命力，彰顯其價值。

17 將抽象概念量化的三種方法

週三 10:00

> 次長，我今天早上看到新聞，說 2022 年的《世界幸福報告》中，韓國的幸福指數在 146 個國家中排第 59 名耶！

> 可以把每個國家的幸福程度用數據排出來，真的很有趣！將「幸福」這種主觀的抽象概念轉化為數據，意義非常重大。

> 我也這麼認為。幸福本來感覺是絕對無法被定量化的概念。

> 按照一定的標準，將資料數據化，就能得知各國的排名，相關部門也能以此為據制定對策，真的很棒。

在商業環境中，雖然強調用數據來做決策，但將所有事物轉換為數字其實並不容易。像營業額、利潤、成本、設備利用率……這些本來就可以直接量化的項目相對簡單；但像顧客的喜好、品牌形象等資訊，則難以用單一數字表達，往往需要用描述的方式呈現。此外，廣告對消費者偏好的影響，同時涉及非數據化的觀察內容與數字化的分析，是一種結合不同資料形式的表現方式。

像顧客的情感或行為這些特性，往往很難直接轉換為數字，這正是無法完全量化的例子。試圖將所有因素都量化，既不實際也過於複雜；而如果只考慮其中幾個主要因素，可能又會忽略其他重要資訊，導致結論失真。然而，如果在實務中完全不考慮量化，只靠直覺或主觀描述，問題可能會更多。因此，**透過適當的方法，將這些不易量化的資訊轉換為數據，是不可或缺的關鍵步驟**。

舉例來說，該如何量化「上班族的勤勉態度」這類抽象的概念呢？如果只以工作時數或出勤紀錄等可測量

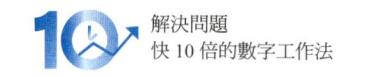

的指標作為衡量標準，雖然可以從「量」的層面進行解釋，但無法展現出工作專注度這類與「質」相關的細節。而且，很難找到一個能合理量化工作專注度的標準。

然而，仍有**成功將抽象概念量化的案例，其中最具代表性的就是「幸福指數」**。儘管幸福的概念難以測量，但已被量化為具體的指標。自 2012 年起，聯合國永續發展解決方案網路（Sustainable Development Solutions Network, SDSN）每年根據六個面向計算各國的幸福指數，並發布全球幸福排名。這六個指標分別是：國內生產總值（GDP）、平均壽命、社會福利、民主自由、政府清廉程度、社會的慷慨程度（見圖表 3-1）。

當然，只靠這六項指標是否足以全面呈現國民的幸福程度，仍值得探討。然而，這項指數的價值在於，不僅成功將幸福的抽象概念量化，還能透過數據比較不同國家的幸福排名，並分析細微的變化趨勢。更重要的是，這項指數能幫助各國明確需要集中資源的關鍵領域，為政策制定提供重要參考依據。

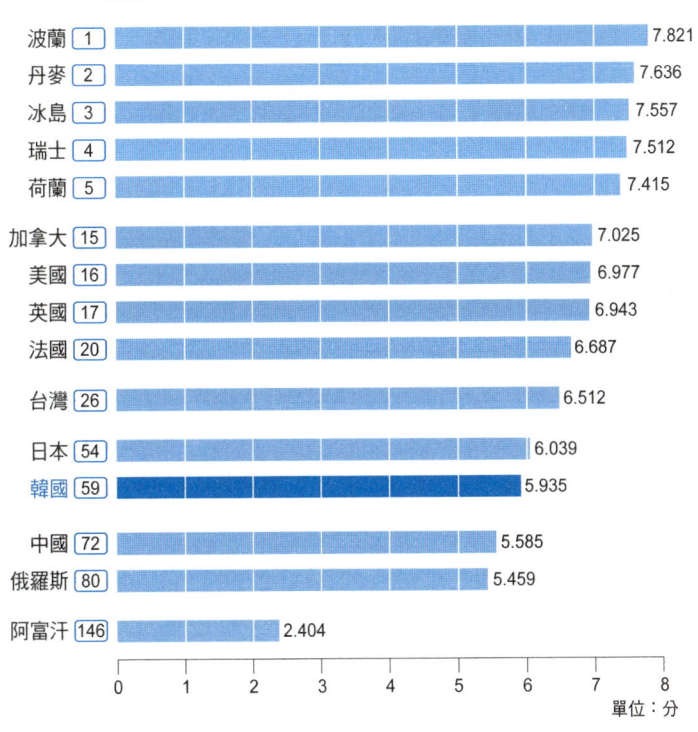

圖表 3-1　2022 年，世界幸福指數排名

國家	排名	分數
波蘭	1	7.821
丹麥	2	7.636
冰島	3	7.557
瑞士	4	7.512
荷蘭	5	7.415
加拿大	15	7.025
美國	16	6.977
英國	17	6.943
法國	20	6.687
台灣	26	6.512
日本	54	6.039
韓國	59	5.935
中國	72	5.585
俄羅斯	80	5.459
阿富汗	146	2.404

單位：分

　　與「幸福指數」類似的例子還有「經濟痛苦指數」，由美國布魯金斯研究所（Brookings Institution）經濟學家亞瑟・奧肯（Arthur Okun）提出，用於量化國民感受到的經濟壓力。「感受」與「壓力」這些詞本身顯示

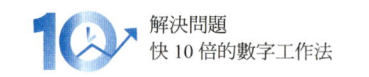

了,每個人對經濟狀況的衡量標準各不相同,因此僅用數字表達難免有所局限。

經濟痛苦指數的計算方式簡單:將「通貨膨脹率」(簡稱通膨率)與「失業率」相加。例如:通膨率為2%、失業率為3%,則經濟痛苦指數為5%。儘管這無法完全反映國民的實際經濟感受,但作為直觀的比較工具,仍具有參考價值。失業率與通膨率作為全球通用的經濟指標,也因此被國際上廣泛採用。

「幸福」和「經濟痛苦」這兩個看似無法量化的抽象概念,透過適當的方式都已成功量化。討論這些指標的意義在於,它們的優勢與限制正好能幫助我們理解企業中各類指標的性質與用途。**當我們決定是否需要量化某一項目時,首先應該確認是否已存在類似的量化工具,例如:公認的國際標準或公司內部已有的指標。**

如果某項目尚未被量化,則可以透過適當的方法來測量,並建立相關指標。這個過程稱為「數量化」(quantification),目的是將那些無法直接用數字表示

的特性,間接轉化為可量化的數據。**根據統計方法的不同,數量化可分為三種方法:指標化、尺度化、指數化。**

指標化:找到高度相關的「量化變數」

當需要把某些資料量化時,可以從相關的「定性資料」[*]中,找出高度相關的「量化變數」(Quantitative Variable)。例如,有人認為「一個國家的文化程度,可以透過電影票房來衡量」,那麼電影票房就可以當作是衡量文化水準的指標。在眾多量化方法中,指標化雖然不夠精確,但當其他變數的分布範圍較大時,反而是一種簡單且有效的選擇。

尺度化:兩個以上變數,簡單加總或平均

尺度化不同於指標化,是根據兩個以上與定性資料

---

[*] 指的是無法直接用數字表示的資料,通常描述的是事物的特性、品質或類別,例如顏色、類型、感受、態度、偏好等。這些資料更側重於「質」的表現,而非具體的「量」。

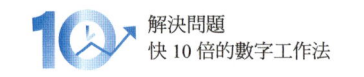

高度相關的量化變數，透過一次方程式進行計算得出的數值。一次方程式通常是變數的總和或算術平均數。例如，在衡量「部門員工的學習意願」時，可以將「培訓申請率」和「培訓參加率」計算算術平均值，作為衡量依據（見圖表 3-2 上）。

指數化：多個變數，套用進階公式

與尺度化相似，但不僅限於一次方程式，而是運用更複雜的代數公式來計算。例如，衡量部門員工的學習意願時，可以在「培訓申請率」和「培訓參加率」的一次方程式基礎上，進一步加入其他變數，例如參與評估的次數、評估得分、購買書籍數量……構建更進階的公式來得出結果（見圖表 3-2 下）。

從指標化到尺度化，再進階到指數化，納入的變數數量會逐漸增加，且透過加入更複雜的公式或加權計算，可以明顯提升分析的精準度。

STEP 3
17. 將抽象概念量化的三種方法

圖表 3-2 部門成員的學習態度

類別	組織資訊	各部門學習資訊				
	總人數（名）	培訓申請人數（名）	培訓參與人數（名）	培訓修畢人數（名）	培訓成績（平均分數）	書籍購買數量（每月／本）
A組	30	10	9	9	85	15
B組	45	20	16	16	75	20
C組	25	10	7	4	90	15
D組	20	4	4	4	95	10
E組	38	14	12	10	85	19

各部門學習指數量化結果

（單位：分）

①指標化	②尺度化	③指數化				
		培訓申請分數	培訓參與分數	培訓修畢分數	書籍購買分數	最終結果
0.33	0.62	0.33	0.90	0.72	0.15	1.49
0.44	0.62	0.44	0.80	0.56	0.20	1.38
0.29	0.49	0.29	0.70	0.46	0.15	1.11
0.20	0.60	0.20	1.00	0.90	0.10	1.60
0.37	0.61	0.37	0.86	0.60	0.19	1.40

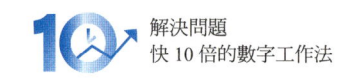

> **定性資料「部門人員的學習態度」量化的運算方法**
>
> - 指標化：培訓申請率
> - 尺度化：$\dfrac{培訓申請率 + 培訓參加率}{2}$
> - 指數化：$\dfrac{培訓申請率 + 培訓參加率}{2} + \dfrac{書籍購買數量}{100} + 修畢率 \times \left(\dfrac{培訓成績}{100}\right)^2$

圖表 3-2 是根據量化的三種方法，將 A 到 E 部門員工的學習意願轉換為數字。依照這些數據，使用指數化計算得出的結果顯示，D 部門的學習意願得分為 1.6，明顯高於其他部門。

然而，**在量化過程中，納入的變數越多，並不代表結果越好。某些變數可能會對數字造成比較大的影響，因此建議只選擇關鍵變數，或適當使用加權方法（見第 21 章節）**，以確保結果的合理性與精準度。

STEP 3
18. 無法簡單表達的兩個原因

18 無法簡單表達的兩個原因

週三 13:30

> 代理，可以幫我比較一下去年 A 公司和 B 公司的營收狀況嗎？

> 好的。根據資料，A 公司去年的營收為 529 億韓元，毛利 52 億韓元，營業成本 450 億韓元；B 公司則是營收 435 億韓元，毛利 44 億韓元，營業成本 354 億韓元。B 公司還有單次收益，來自處分不動產的利潤為 30 億韓元。從毛利率來看，A 公司為 9.8％，B 公司為 10.1％。A 公司年增率 2.3％，B 公司則成長 2.9％。儘管如此，A 公司比 B 公司多了 8 億韓元的毛利。

> 了解，謝謝說明。不過，可以再說得簡單一點呢？

133

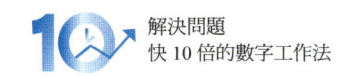

在前述對話中，代理透過分析營業額、營業成本、毛利率和 YoY 等數據來說明營收狀況，儘管他已盡力涵蓋所有營收相關的數字，但回應卻是希望他能更言簡意賅。如果數據繁雜且難以理解，不妨試著將其拆解，分開思考。

在公司中，同樣的內容，有人會用複雜且艱澀的方式呈現，有人則可以將重點簡單清楚地說明。那麼，你屬於哪一種呢？如果你是前者，有沒有想過為什麼會選擇這樣的表達方式？

問題可能有以下兩個原因：

1. 對內容理解不夠完整

若想將複雜的事情簡化並清楚表達，自己必須先完全掌握和理解內容。如果連自己都無法徹底釐清，就更難用簡單的方式傳達給他人。

2. 誤以為艱澀的表達顯得專業

有些人認為，把話說得複雜能展現自己的專業能力。在職場中，雖然需要使用專業術語進行溝通，但有些人卻過度使用，甚至濫用這些術語。然而，在有限的時間內，若想有效傳達訊息並說服對方，複雜的內容就需要轉化成簡單易懂的表達方式。

簡化複雜數字的方法之一，是將龐大的總量數據，轉換成以「每人」、「每件」或「每坪」為單位的數值，透過「單位化」處理，讓數字更直觀易懂。

回到本章節開頭的對話，針對 A 公司和 B 公司的營業毛利比較。單憑「營業額」和「營業毛利」這兩項數據，只能對絕對的收益規模進行比較，無法進一步了解實際的獲利情況。這是因為數字看起來雖然大，但所包含的資訊量卻有限。在這種情況下，可以將「營業額」或「營業毛利」除以「員工數」，計算出「人均營業額」或「人均營業毛利」。

透過這樣的單位化處理，更能清楚比較 A 公司與

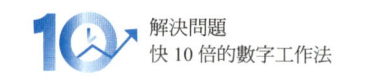

B 公司的表現。以「營業毛利」來看，A 公司為 52 億韓元，B 公司為 44 億韓元，似乎 A 公司更具優勢；但若轉換為「人均營業毛利」進行比較，就可以發現 B 公司的收益表現實際上優於 A 公司。

根據圖表 3-3 的營業毛利比較表，A 公司的人均營業毛利為 1,300 萬韓元（52 億韓元 ÷400 名），而 B 公司則為 2,000 萬韓元（44 億韓元 ÷220 名）。由此可見，從經營效率的角度，B 公司表現更為優秀。使用「人均數字」的方式，不僅能涵蓋營業毛利與員工人數，還可以將複雜的數據簡化為更具說服力的結論，有助於進一步評估經營效率。

不同銷售方案之單位商品價格
單位：韓元

- 多件優惠（買 10 送 1）：$\dfrac{1{,}000 \text{元} \times 10 \text{件}}{10 \text{件} + 1 \text{件}} = 909 \text{元}$
- 9 折優惠：1,000 元 ×0.9 = 900 元

透過單位化的方式，可以將數字按產品進行分割，生成「單位產品數字」。例如，計算「每件產品的盈利

STEP 3
18. 無法簡單表達的兩個原因

圖表 3-3　A、B 公司的營業毛利比較表

類別	A 公司	B 公司	優勢企業
營業收入	529 億	435 億	A 公司
營業毛利	52 億	44 億	A 公司
營業成本	450 億	354 億	
人均營業毛利	1,300 萬	2,000 萬	B 公司
員工數（人）	400	220	
單位產品營業毛利	32.5 萬	40 萬	B 公司
產品銷售數量（件）	16,000	11,000	
單位面積營業毛利	104 萬	176 萬	B 公司
單位面積（坪）	5,000	2,500	

單位：韓元

- 人均銷貨收入＝$\dfrac{總營業額}{總員工數}$，人均營業毛利＝$\dfrac{營業毛利}{總員工數}$

- 單位產品銷貨收入＝$\dfrac{總營業額}{產品總銷售量}$

  單位產品營業毛利＝$\dfrac{總營毛利}{產品總銷售量}$

- 單位面積銷貨收入＝$\dfrac{總銷貨收入}{總面積（坪）}$

  單位面積營業毛利＝$\dfrac{營業毛利}{總面積（坪）}$

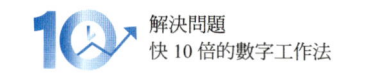

能力」,就是將「營業收入」或「營業毛利」除以「產品銷售數量」。以此計算,A公司每件產品的毛利為32.5萬韓元(52億韓元÷16,000件),而B公司則為40萬韓元(44億韓元÷11,000件)。由此可見,在單件產品的盈利能力方面,B公司表現更為優秀。同理,也可以計算「單位面積營業毛利」。

再舉一個需要運用「單位產品數字」的例子。假設一家化妝品公司正在規劃新產品的促銷活動,有兩種方案可供選擇:第一種是「買10送1」,第二種是「買10件打9折」。身為負責人,你會選擇哪種方案呢?

此時,計算「單位產品價格」即可輕鬆決定。從公司的角度來看,「買10送1」的方案每件產品的售價更高,因此更具收益;但對消費者而言,「9折優惠」則更划算。

單位化也適用於面積數據。例如,首爾的大型賣場與地方中型賣場的營業毛利相同,這代表什麼意義呢?很可能是地方中型賣場的經營效率更高。將營業毛利除

以賣場面積，即可轉化為單位面積數字，更清楚分析其效率。

以圖表 3-3 為例，A 公司賣場面積為 5,000 坪，B 公司為 2,500 坪，計算後，A 公司每坪毛利為 104 萬韓元（52 億韓元 ÷ 5,000 坪），而 B 公司則為 176 萬韓元（44 億韓元 ÷ 2,500 坪）。因此，在賣場盈利能力上，B 公司明顯更具優勢。

另一個例子是韓國國內主要便利商店的銷售額分析。圖表 3-4 顯示，GS25、CU 和 7-ELEVEN 的總銷售額排名一致，但當計算「單位面積銷售額」後，三者之間的差距明顯縮小。

前述案例說明了利用單位化（如按人均、單價、單位面積等）簡化數字的方法。此外，還可以根據需求，將這一概念應用到分店、設備類別、工時、產品加工時間等方面。

另一種簡化數字的方法是「劃分法」，即將數據的意義範圍劃分至更小的層級。例如，將營業收入按地區

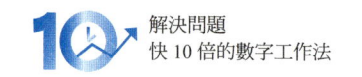

圖表 3-4　2020 年，韓國國內各大便利商店的營業收入

（單位：韓元）

	銷貨收入	各加盟店平均銷貨收入	加盟店單位面積（3.3m^2）平均銷貨收入
GS25	8 兆 5,692 億	6 億 2,352 萬	3,254 萬
CU	6 兆 1,678 億	5 億 8,399 萬	2,608 萬
7-ELEVEN	4 兆 683 億	4 億 6,504 萬	2,548 萬

劃分後，再細分到各分店；或是將工廠的總生產量按產品類型進一步劃分。也可以按顧客的年齡層、性別等屬性拆分營業額。

以 2020 年現代汽車的銷售數據為例（韓國國內市場）。該年總銷量為 78.8 萬輛，拆分後可分為轎車 38.1 萬輛、SUV 24.8 萬輛，以及電動車 15.8 萬輛。透過這種拆分方式，更能直觀理解 78.8 萬輛的銷量意義。進一步細分，轎車還可以分為 Genesis、Grandeur、Sonata 三個車型，甚至可以再細化為 Genesis G90、G80、G70 各車型的銷量。

透過將大的數字分割成小數字，再細分成更小的數字，可以明顯降低數字的複雜程度。即便只拆分一兩個層級，也能讓數據變得更容易閱讀，同時提升分析的精準度。這種方法不僅簡化了數據，還能讓原本隱藏在數字中的意義浮現出來，使分析結果更加清晰有力。

解決問題
快 10 倍的數字工作法

19 為重複的工作制定 SOP

週三 17:00

> 你正在訂下週冰淇淋的生產原料嗎？

> 是的，我每週一都要先確認庫存和下週的生產量，然後訂購需要的原料。

> 既然是每週都要做的事，現在應該已經駕輕就熟了吧？

> 這點正是我的煩惱，好像不是那麼順利。雖然我負責這項業務已經快半年了，而且也沒有增加新產品的原料訂購，但處理起來還是需要花不少時間。

> 重複的工作應該會有一定的規律，試著找出這些規律，應該可以縮短處理時間。

如果說資料數據化是從「量化」開始,那麼「流程化」則是數據處理的最後一步。流程化是指將數據透過一系列規則或方法進行處理,並最終產生結果。這樣一來,針對重複出現的工作項目,處理起來會更加輕鬆,即使資料內容有所變化,也能迅速應對。

以某冰淇淋公司的倉儲管理員為例,他每週一上班的第一項任務便是訂購下週冰淇淋生產所需的原料。假設製作一個 A 款冰淇淋需要 2 盒牛奶、1 塊巧克力、5 包糖,而下週的預計生產量為 1,000 個,首先,他需要確認倉庫是否有足夠的原料,也就是 2,000 盒牛奶、1,000 塊巧克力和 5,000 包糖。接著,他會扣除本週生產後剩餘的庫存量,計算出最終需要訂購的原料數量。

生產 A 款冰淇淋需要訂購的原料數量

= A 冰淇淋生產量 × 單位產品所需原料量 原料 1(牛奶)
+ A 冰淇淋生產量 × 單位產品所需原料量 原料 2(巧克力)
+ A 冰淇淋生產量 × 單位產品所需原料量 原料 3(糖)

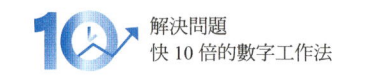

原料訂購量的計算公式是「生產量 × 單位原料需求量」，公式簡單且清晰。**進行流程化時，並不需要使用複雜的數學知識，只需透過公式掌握核心重點，確保能準確計算所需數量即可**。如果換成數字的方式表達，就是要明確掌握自變數（如牛奶、巧克力、糖）與應變數（如冰淇淋產量）之間的關係。

當然，冰淇淋公司不會只生產 A 冰淇淋，還可能生產 B、C 冰淇淋。隨著不同冰淇淋項目，所需的原料數量也各不相同，甚至可能需要額外添加杏仁、花生等其他原料。但基本原則不變，訂購量依然遵循「生產量 × 單位產品所需原料量」的計算邏輯。

如圖表 3-5 所示，將製作冰淇淋所需的原料量流程化並製作成表格，不僅可以讓數據更加直觀，還能帶來兩個好處：

1. 可以清楚掌握原料數量（X 軸，自變數）增減時，冰淇淋產量（Y 軸，應變數）的變化。

圖表 3-5　各項目冰淇淋原料庫存與訂購量

（產品單位：個）

冰淇淋品項	生產量	牛奶 單位產品所需原料量	牛奶 需訂購量	巧克力 單位產品所需原料量	巧克力 需訂購量	糖 單位產品所需原料量	糖 需訂購量	核桃 單位產品所需原料量	核桃 需訂購量	花生 單位產品所需原料量	花生 需訂購量	總量
A	1,000	2	2,000	1	1,000	4	5,000	0	0	0	0	8,000
B	500	3	1,500	0	0	-	2,000	1	500	1	500	4,500
C	600	4	2,400	2	1,200	5	3,000	1	600	0	0	7,200
D	2,100	-	5,900	-	2,200	-	10,000	-	1,100	-	500	19,700

2. 可以快速了解冰淇淋產量（Y 軸，應變數）增減時，對原料數量（X 軸，自變數）的需求與庫存變化情況。

如果能利用邏輯公式製作出自變量（X）與應變量（Y）之間關係變化的數字表格，即使每個變量有所改變，也能迅速掌握數據的變化。因此，**建議將重複業務流程化，建立一套標準流程，並進一步製作成視覺化的**

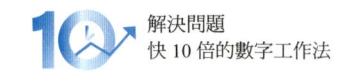

表格或工具。

在管理學與企業經營中,流程化管理早已廣泛應用,例如計算「存貨周轉率」(Inventory Turnover)[*]或「設備綜合效率」(Overall Equipment Effectiveness, OEE)[†]等公式化指標時,只需根據實際情況靈活運用即可。此外,大多數公司已針對自身業務需求,制定出應對特殊情況的標準流程,因此無需重新從零開始,這也減輕了業務負責人的負擔。不過,若遇到全新的業務模式或前所未有的挑戰,可能需要重新設計流程與管理指標,雖然這類情況並不常見。

讓我們更深入探討流程化的核心。在流程制定時,自變量(X)與應變量(Y)之間的關係至關重要。只有完整且準確地掌握所有影響 Y 變量的 X 變量,才能

---

[*] 公司在某一段時間的營業成本與平均存貨餘額的比例,可以反應存貨的周轉速度,藉此看出存貨流動性、存貨資金占用量是否合理。
[†] 是製造生產領域內一項重要的指標,用來衡量設備生產效率,主要由設備稼動率、產能效率與良率所組成。每部生產設備都有其理論產能,但是生產過程中可能會因人機的配合及生產過程各環節的損失,造成理論產能與實際生產能力間的差異。

確保 Y 值的計算結果精確無誤。例如，生產 A 冰淇淋時，如果只訂購牛奶和糖，而忘記購買巧克力，生產便無法進行。同樣，如果每個冰淇淋需要 5 包糖，但只訂購了 4 包，也會導致生產中斷。

然而，在實務中經常面臨的挑戰是，影響 Y 變量的 X 變量數量過多，導致決策困難。這時往往會陷入兩難局面：若考慮所有 X 變量，流程的複雜度會增加；但若忽略部分 X 變量，Y 變量的準確度又可能降低。因此，如何在兩者之間取得平衡，是流程化管理中的關鍵課題。

遇到這種情況時，可以採用另一種方式：**將 X 變量分為主要組和次要組，然後制定相應的流程來計算 Y 變量**。例如：生產 A 至 C 款冰淇淋所需的原料包括牛奶、糖、巧克力、核桃、花生，可以將需求量大的牛奶、糖、巧克力歸入主要組，將需求量較少的核桃和花生歸入次要組，據此進行流程化處理。

在流程化的過程中，只要梳理出 X（自變量）與 Y

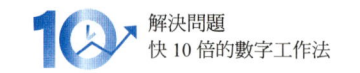

（應變量）之間的關係，就能將這些變量轉換為簡單的四則運算公式。當資料從數據化發展到流程化後，不僅可以快速應對重複的業務，還能靈活處理變化的情況，使工作效率明顯提升，達到事半功倍的效果。

20 設想三套情境劇本，制定對策

週三 18:00

> 代理，您最近看起來很忙，在忙什麼事情呢？

> 最近在開發公司的 APP，修改的內容實在太多，發布日期一拖再拖，感覺遙遙無期。

> 所以最近才一直加班嗎？

> 其實在這個計畫剛開始時，組長就提醒我們，要設想萬一 APP 無法如期完成可能會帶來的影響，並事先規劃替代方案 B。當時，我還不太理解，為什麼組長總是要我們考慮最壞的情況……

> 開發 APP 涉及到的相關人員這麼多，要協調真的不容易，能進展到現在已經非常厲害了！加油！

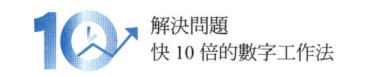

如果你曾經擔任某個計畫的負責人，應該也遇過主管提出這些問題：

📢 你覺得這次專案進行得如何？
　先別說優勢，請重點說明目前遇到的挑戰。
　目前有哪些問題？你應該已經有應對方案了吧？

如圖表 3-6 所示，損益平衡點不僅是劃分情境的重要依據，還可以根據不同的銷售漲幅進一步細分情境。如果計畫收益預測較為清晰，可以規劃漲幅 30％、20％、10％的三種劇本，進行更細緻的分析。

此外，在行銷通路策略中，也可以採用情境分析來設計多元的劇本。例如：

1. 僅採用網路電商通路（情境 1）。
2. 僅採用實體店面通路（情境 2）。
3. 網路電商與實體店面通路並行（情境 3）。

圖表 3-6　三種情境劇本

	最佳情況	一般情況	最差情況
情節	與過往促銷活動情況相同，銷售增加	消費者反應平平，損益平衡點	消費者反應平平，競爭者推出更低價產品應對
銷售增加率	+20%	+3%	+0%
銷售增加金額	30 億	4 億	0 億
促銷活動費用	4 億	4 億	4 億
獲利	26 億	0 億	-4 億

（單位：韓元）

透過這樣的多元化情境規劃，可以更全面評估計畫的潛在風險與可能性，並據此制定具體的應對措施。

根據不同業務和情況，可以設計出多樣化的情境劇本，例如：最佳情境可以細分為最佳1、最佳2、最佳3；最差情境則可劃分為最差1、最差2、最差3等。建構這些情境劇本的目的是為了全面預測未來的各種可能性及潛在的收益情況，因此制定出適合的情境劇本非常重要。同時，別忘了在設計劇本的過程中，也要同步考量並準備相應的應對策略，才能更有效應對不同情境下的挑戰。

21 根據實際狀況，採用「加權計算」

週四 09:30

> 代理，您知道我們經常使用的消費者物價指數是怎麼算出來的嗎？

> 不知道耶，是怎麼算的？

> 據說是以一般家庭維持日常生活所需購買的商品和服務為調查對象，涵蓋多達 458 項，透過調查這些項目的價格變動得出的數據。

> 458 項？這數量真是驚人！

> 是啊，這些項目在我們的日常消費中占有一定比例，從交通費、午餐壽司飯卷的支出，到連喪葬費都包括在內。

> 涉及這麼多項目，計算方式肯定更顯得關鍵了！

STEP 3
21. 根據實際狀況,採用「加權計算」

消費者物價指數,是一種經過指數化處理的指標,目的是在幫助人們快速掌握物價的變化趨勢。計算方法是將基準時期的物價水準設為 100,然後以相對數值表示其他時期的物價水準。例如,若以 2020 年為基準,2021 年的消費者物價指數為 102.5,則代表 2021 年的物價比 2020 年上漲了 2.5%。

在消費者物價指數的初期計算中,使用的是算術平均法,對所有項目賦予相同的權重。然而,這種方式無法反映家庭在不同項目上支出的實際比重。為了解決這個問題,目前採用的是**加權平均法**,根據每個項目在家庭支出中的比例賦予不同的權重。因此,**現今的消費者物價指數可以視為一種加權物價指數**。

如圖表 3-7 所示,占家庭支出比重較大的項目(如房租、房貸、水電費等居住及公共費用)在計算消費者物價指數時的權重最大;相對而言,衣物、鞋類和菸酒等支出比重較低的項目,其權重則相對較小。

舉例來說,假設一個家庭對米的支出比例是雞蛋的

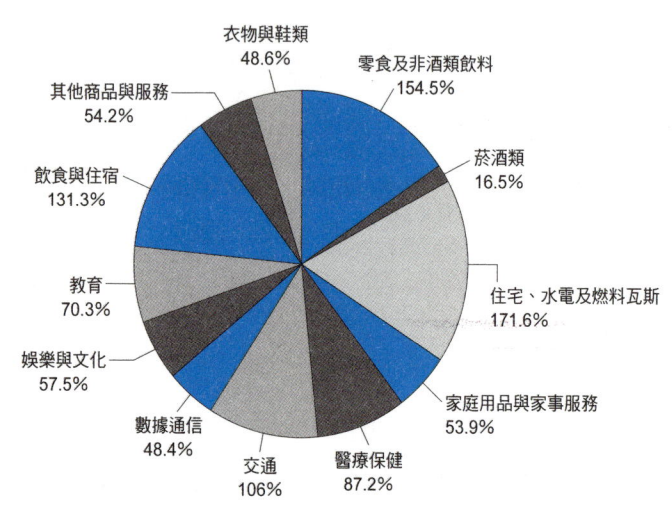

圖表 3-7　2021 年，消費者物價指數

- 衣物與鞋類 48.6%
- 零食及非酒類飲料 154.5%
- 菸酒類 16.5%
- 住宅、水電及燃料瓦斯 171.6%
- 家庭用品與家事服務 53.9%
- 醫療保健 87.2%
- 交通 106%
- 數據通信 48.4%
- 娛樂與文化 57.5%
- 教育 70.3%
- 飲食與住宿 131.3%
- 其他商品與服務 54.2%

3 倍，當米和雞蛋的價格均上漲 10％時，米對物價指數的影響將是雞蛋的 3 倍。這正是透過加權平均法，讓那些在家庭支出中占比大的項目，能更準確反映在消費者物價指數中，讓該指數更接近實際情況。

權重的變化直接影響消費支出中項目所占比例，進而影響消費者物價指數的波動。權重增加表示該項目在消費支出中的占比提高，其對物價指數的影響力也隨之

增強；反之，若權重減少，該項目對物價指數的影響力則會下降。

採用加權計算的目的是，讓運算結果更貼近現實，但加權本身也是一把雙刃劍，若應用不當，結果可能完全脫離實際情況。

物價漲幅顯示通膨率不高，卻總覺得日常生活中的物價漲得很快。

「物價指數與實際生活中的物價感受有落差」這樣的話題經常出現在新聞中，其中一個原因可能是用來計算指數的項目權重，未能真實反映實際消費結構。

在職場中，加權計算同樣被廣泛使用。企業中大多數情境涉及多重因素，透過適當分配權重，反映各變數的重要性，才能得出更合理的結果。例如，當需要預測下週產品的產量時，生產前置時間每天可能不同，若不加區分，可能造成預估值與實際值偏差過大。此時，可參考過去一週的前置時間數據，距離當天越近的數據權重越高（如昨天），距離越遠的數據權重越低（如七天

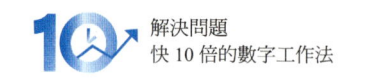

前），以加權平均數計算更精準的預估值。之所以給予最近數據較高權重，是因為這些數據能更準確反映當前的生產情況。

然而，**設定權重的高低並不簡單。每個人因觀點不同，對事物重要性的判斷也會有所差異**。例如，韓國週刊《每日經濟》於 2020 年對 17 家銀行進行「銀行穩定度評估」，為了避免權重過於主觀，選擇對所有 10 個評估項目採用相同的權重計算。

圖表 3-8 是首爾某汽車銷售點的月度銷售數據。代理接到任務，需要根據 1 至 4 月的銷售數據，預測 5 月銷量。他應如何進行計算？

圖表 3-8　首爾 A 汽車展售中心的銷售業績

	1 月	2 月	3 月	4 月	5 月
銷售量（台）	230	340	360	370	?
A 權重值：權重相同	1	1	1	1	325
B 權重值：著重近期業績	1	2	3	4	347
C 權重值：著重過往業績	4	3	2	1	303

STEP 3
21. 根據實際狀況，採用「加權計算」

　　根據不同的權重設定，5 月銷量的預測值可在 303 至 347 輛之間。以下是三種加權方式的邏輯：

1. 加權 A：假設過去的銷售數據波動不大，即使 1 月銷量較低（230 輛）也僅視為暫時現象，因此對 1 至 4 月的數據賦予相同權重。

2. 加權 B：若 2 月起增加固定銷售人員，並擴大門店規模，導致銷量逐月上升，則應給距當前最近的數據更高權重，並隨時間遠近依序遞減。

3. 加權 C：若認為 2 至 4 月的銷量提升是短期折扣促銷的結果，而 5 月將回落，則應給折扣前的數據更高權重。

　　由此可見，**權重的運用方式靈活多變，但其核心目的始終是縮短數據與現實之間的差距**。在工作中靈活運用加權計算，不僅能提升分析的準確度，還能讓決策更符合實際情況。

10 解決問題 快 10 倍的數字工作法

22 ABC 分析法，讓有限資源最大化

週四 11:40

> 前輩，這次計畫同時發生很多問題，可是您還是能迅速解決，而且改善效果也相當不錯！

> 時間總是不夠用，但不管怎樣，問題還是得想辦法解決啊。

> 是啊，為什麼事情不能一件一件來，偏偏都擠在一起。光是搞清楚一個問題的現況，然後想出解決方案，就很容易錯過處理其他事情的時機，真的覺得時間超不夠。

> 我也常有這種感覺，總覺得時間不夠。

> 真的嗎？可是我一直以為您處理事情總是得心應手。

> 其實，我常用 ABC 分析法來處理工作，這樣可以用更少的時間和精力，達到更大的成果。

在職場上,是不是很常聽到「時間不夠」、「預算不足」、「製作費用有限」、「缺工問題」或「需要增加人員」之類的話?

或許,上班族的核心任務,就是在這種「資源有限」的情況下找出解決方法。公司資源永遠有限,但需要解決的問題卻總是層出不窮。然而,即便如此,總有一些人能高效完成工作。他們不僅能快速處理看似耗時的任務,還能迅速找到最佳解決辦法。

想要提高工作效率,其中一個關鍵能力就是學會運用「ABC 分析法」。這項分析法於 1951 年由美國奇異公司(General Electric, GE)開發,最初是為了優化倉儲庫存管理。**ABC 分析法的核心概念是,將管理對象分為 A、B、C 三組,按照重要程度分級管理,從而最大化資源的使用效率**。處理的順序是先專注管理 A 組,接著是 B 組,最後才處理 C 組。ABC 分析法之所以高效,原因在於只要優先解決 A 組的問題,就能處理大多數的工作挑戰。

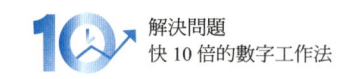

接下來,將透過一個案例,來說明如何運用 ABC 分析法,進行產品不良率的管理。

> **ABC 分析法**
>
> ① 根據各類瑕疵品的數量,從多到少進行排序統計。
> ② 將瑕疵品總數設定為 100%,計算每類瑕疵品在總數中的百分比。例如:若總瑕疵品數量為 1,000 件,其中 A 類瑕疵品為 350 件,則 A 類瑕疵品的百分比為 35%。
> ③ 按照瑕疵品的百分比從高到低排序後,依次計算累積百分比。
> ④ 圖表 3-9 縱軸代表瑕疵品的累積百分比,橫軸代表瑕疵品的種類。將各類瑕疵品的累積百分比標示於縱軸,橫軸則記錄不同瑕疵品的種類,以呈現各類瑕疵品在總體中的構成比例。
> ⑤ 在圖表縱軸的 70%～90% 區域畫一條橫線,從橫線與曲線的交點處向下畫一條垂直虛線,直到與橫軸相交,以標示出重點範圍。

根據圖表 3-9 的分析結果,可以將瑕疵品分為 A、B、C 三組:累積百分比 0%～70% 歸為 A 組,70%～

90％歸為 B 組，90％～100％則歸為 C 組。

圖表 3-9　產品不良率

瑕疵品數量	A 組＞B 組＞C 組
瑕疵品類別數量	A 組＜B 組＜C 組
改善不良率後的成效影響	A 組＞B 組＞C 組

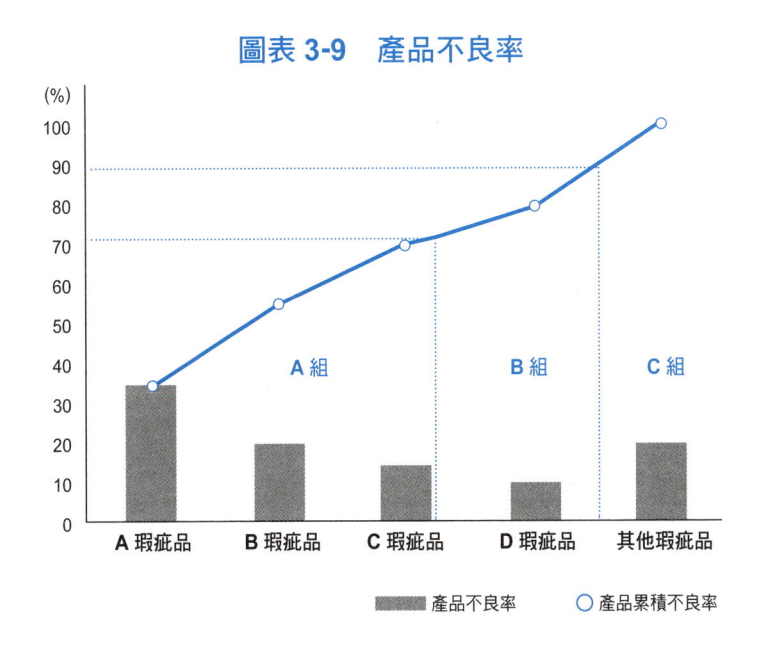

圖表 3-10　ABC 分析法結果

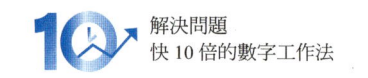

進一步比較這三組的特徵後發現，A組的瑕疵品種類最少，但數量最多；反之，C組的瑕疵品種類最多，但數量最少。透過這種分類方式，可以清楚看出，若要有效解決瑕疵問題，並最大化改善效果，應該優先針對A組集中資源進行改善。

根據ABC分析，可以針對不同組別的瑕疵品，提出以下改善方案：

各組別瑕疵品改善方案

①A組直接影響產品的整體不良率，應優先集中時間與人力資源，全力投入A組的改善工作。
②對B組加強管控，密切追蹤各類瑕疵品的數量變化，尤其是觀察是否有上升趨勢。在完成A組的改善後，再逐步將資源分配到B組進行進一步優化。
③C組雖然瑕疵品種類繁多，但數量有限，應以管控新出現的瑕疵類型為重點，確保不出現新的瑕疵問題。

此外，ABC分析法在需要管理範圍廣泛且對象繁多的情況下，能發揮更大的效用。例如：Costco、

Emart Traders 等大型賣場，會利用 ABC 分析法根據顧客的偏好與預期銷售目標來管理商品，並調整商品的陳列方式，對銷售貢獻度高的商品進行重點管理。同樣地，在職場中，專注於對目標達成影響最大的業務，無疑是提高效率的關鍵所在。

> 公司資源有限，
> 問題卻層出不窮，
> 或許，上班族的使命，
> 正是要在「有限與短缺」中，
> 找到解決之道。

23 善用「比值」，精準表達相對關係

週四 14:50

> 代理，您知道成長和成長率之間的差別嗎？

> 知道啊，看數字的時候，這兩個概念真的要特別留意。

> 我也是這次計畫才終於搞懂兩者的區別。

> 舉例來說，假設 I 公司 2019 年的營業額是 1 兆韓元，2020 年達到 2 兆韓元，成長率就是 100%。但如果 2021 年的營業額是 3 兆韓元，雖然從 2 兆成長到 3 兆，確實在持續成長，但成長率卻從 100%降到 50%，呈現趨緩狀態。

> 同樣的數字，換個方式看，像是用百分比來解讀，所呈現的意義可能就完全不同。

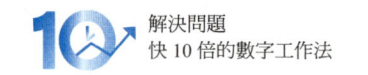

韓國人有時會用「八頭身美女」來稱讚一位女生外貌出眾。「八頭身」是以頭部長度作為計算單位,代表身高是頭長的 8 倍,即身高與頭長的比例為 8：1,是公認最理想的身材比例。

「美女」這個詞本身只包含抽象的美感,而「八頭身美女」則具體指「身高與頭長比例為 8 比 1 的理想身材比例的美女」,形象更加明確。相比「身高 180 公分,頭長 22.5 公分」的表達方式,「身高與頭長比例為 8 比 1」更簡潔直觀。

「比」與「比例」的作用正是用來比較,就像前文提到的八頭身,**可以簡單對比兩個不同大小的事物,讓我們更容易理解其中複雜的數字差異**。

要合理且精準使用「比」與「比值」,首先需要掌握這兩者的概念。雖然它們看似相近,但其實有明顯的區別:**「比」是比較兩個對象的相對量,而「比值」則是用數值來表達這種關係**。以下是針對新產品 A 與 B 的敘述,請試著判斷哪些是正確的,哪些是錯誤的:[*]

STEP 3
23. 善用「比值」，精準表達相對關係

- A 新品銷量：2,000 個／年；B 新品銷量：3,000 個／年
  ① A 新品與 B 新品的銷售量之比是 2:3
  ② A 新品與 B 新品的銷售量之比值是 2:3
  ③ B 新品的銷售量是 A 新品的 1.5 倍（$\frac{3}{2}$）
  ④ B 新產品的銷售量是 A 新產品的 150%

如果可以清楚分辨這些敘述的正確與否，就表示已經充分掌握了「比」與「比值」的核心概念。然而，在日常生活或職場上，人們往往不嚴格區分「比」與「比值」，因此即便用錯，對方也能理解意思，這就是常見的矛盾現象。

如①所述，**「比」的概念是用「比較量：基準量」的形式，並用「:」記號來表示兩者的相對大小。「比值」則不同，是以基準量為參考，表達比較量與基準量之間的大小差異**，如③所述，比值是用數值來表示，而不會像②那樣使用「:」記號。此外，④則是將比值乘以

---

* 解答：① ○　② ✕　③ ○　④ ○

167

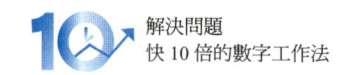

100後，轉換為百分比的形式。

- 比 = 比較量：基準量
- 比值 = $\dfrac{比較量}{基準量}$
- 百分率（％）= 比值（基準量為 1 時的數值）×100

接下來，以圖表 3-11「各品牌泡麵市場占有率」為例，深入了解「比」與「比值」的概念。根據 2021 年上半年的數據，各品牌泡麵的市場占有率中，辛拉麵為 16.9％，金拉麵為 9.5％。這意味著，在 2021 年上半年賣出的 100 包泡麵中，辛拉麵約占 17 包，而金拉麵約占 10 包。

假設我是「不倒翁金拉麵」的業務負責人，想比較「金拉麵」（比較量）與「辛拉麵」（基準量）的營業額。以「比」來表示為「金拉麵：辛拉麵 =10：17」，而比值則為 0.59（10÷17）。

如果換個立場，我是「農心辛拉麵」的業務負責人，則以「比」來表示為「辛拉麵：金拉麵 =17：10」，比

STEP 3
23. 善用「比值」，精準表達相對關係

圖表 3-11　2021 年，各品牌泡麵市場占有率

品牌市占率			個別商品市占率		
第 1 名	農心*	49.5%	第 1 名	辛拉麵	16.9%
第 2 名	不倒翁†	26.4%	第 2 名	金拉麵	9.5%
第 3 名	三養‡	10.2%	第 3 名	農心炸醬風味麵（Chapaghetti）	7.5%
第 4 名	八道§	8.2%	第 4 名	八道泡麵	5.8%

值則為 1.7（17÷10）。

在比較這兩個數值時，要特別注意「基準量」的位置。用「比」的形式時，基準量應放在「：」的後面；而用「比值」時，基準量則作為分母。在工作中，經常

---

* 大韓民國企業，前身為樂天集團的樂天實業公司，創辦人辛春浩為樂天集團創辦人辛格浩的胞弟。現為韓國速食麵和零食製造商並經營超市、化學、房地產開發及工程承包等業務。
† 오뚜기奧多吉公司是一家韓國食品公司，總部位於京畿道安養市。它成立於 1969 年 5 月，據說推出了韓國第一款本土製造的咖哩食品。
‡ 三養食品株式會社是一家在 1961 年於韓國成立的食品公司。公司的漢字全稱為：三養工業株式會社，公司於 1961 年 9 月正式成立。
§ 팔도是在 1987 年由韓國養樂多所創立，專門負責海外銷售，主要銷售產品為：泡麵、飲料、點心及韓國傳統食品。

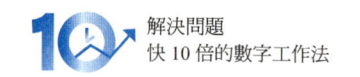

會有人混淆比較量與基準量的位置,進而導致計算錯誤。

此外,使用「比值」時須謹記,**「比值」僅用於表達「比例」,並不代表絕對的實際數字**。例如,看到圖表 3-12 時,你是否能判斷哪家公司營業毛利更高呢?答案是「無法得知」。營業毛利的比值只是營業收入與營業毛利之間的比例,如果不知道 A、B 兩家公司的實際營業收入(基準量),就無法計算出營業毛利的具體金額。

圖表 3-12　營業毛利率

A 企業	30%
B 企業	10%

假設 A 企業和 B 企業的營業額都為 10 億韓元,那麼 A 企業的營業利潤為 3 億韓元,B 企業則為 1 億韓元,也就是說,在同一期間內,A 企業的營業利潤比 B 企業多了 2 億韓元。

那麼,是否能因此斷定「A 企業比 B 企業更具競

爭力」？答案仍然是「無法確定」。如果兩家公司屬於相同產業，且銷售同類型的產品，或許可以透過營業利潤來比較競爭力。但如果兩家公司的業務範圍完全不同，這樣的比較就毫無意義。

類似情況也適用於電子產業，即使比較各電子公司的營業利益率也未必有意義。即使同為電子公司，各企業的產品線可能截然不同，例如某公司專注於半導體生產，另一家公司則主攻手機或家電產品。在這種情況下，單靠營業利益率無法合理比較企業之間的優劣。

10 解決問題
快 10 倍的數字工作法

24 高效管理時間的「逆算計畫」

週五 11:20

> 今天中午,我吃自己帶的便當。

> 哇,這不是「外食族組長」會做的事!

> 我和太太正在規劃「買房」,哈哈。

> 啊,原來如此。

> 我們目標是在 2025 年前存下 5 億韓元的買房頭期款。考慮到利率和收益率後,規劃了 2022 年到 2025 年的年度儲蓄金額和計畫表。完成月度收支表後,決定從固定開支中,慢慢減少伙食費。

> 原來如此,您用了逆算計畫啊!加油!

到目前為止，我們已經學會如何將手頭的資料轉化為有用的數字，而這些數字最終常被運用在行程規劃中。**安排行程的關鍵就在於「逆算計畫」。逆算計畫是一種從目標時間點開始，逐步回推到起始時間的規劃方法。**

假設你與朋友約定晚上 6:00 在江南地鐵站見面，可以從最終目標時間（約定時間）開始，回推每個階段所需的時間。例如：（見圖表 3-13）

- 如果從家裡附近的地鐵站到江南站需要 30 分鐘，那麼最晚需要在 5:30 以前搭上地鐵。
- 若從家到地鐵站步行需要 10 分鐘，那麼就要在 5:20 出門。
- 再回推出準備時間。如果平常外出需要準備 50 分鐘，那麼 4:30 就需要開始準備。

如前述案例，逆向計畫在生活中無處不在。例如，下班途中考慮到用餐時間和外賣配送時間，可以在公車

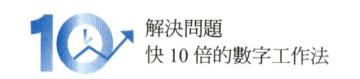

圖表 3-13　約定時間逆算過程

約定地點	地鐵江南站前	
約定時間	晚上 6 點	
準備與移動過程	所需時間	實施時間點
外出準備	50 分鐘	6 點 -90 分 = 動身準備的時間點為 **4 點 30 分**
家→地鐵站的移動時間	10 分鐘	
搭乘地鐵的時間	30 分鐘	

▼

一共 90 分鐘

上提前下單；在網購時，根據需要使用的時間點和快遞運送時程，提早購買商品。這種方法不僅適用於個行事曆，也能幫我們更高效管理時間，避免遺漏重要的步驟。

規劃排程的方法可以根據時間參考點分為兩類：

1. 以當前時間為基準，按時序推算出目標完成日期的「順算計畫」。

2. 以未來的目標時間為基準，先設定目標完成日期，再回推每個階段的詳細行程規劃，即「逆算計畫」。

接下來，將分別舉例說明，這兩種方法在實際工作中的應用。

假設某工廠需要生產 5,000 個 A 產品，若採用順算計畫，則按照現有原料開始生產，完成後將成品入庫，再根據市場需求進行出貨銷售。然而，這樣的安排可能會增加倉儲成本，且無法生產其他產品，導致機會成本的上升。同時，也難以確保是否能在需求時限內完成 A 產品的生產。

相反，若採用逆算計畫，首先確認 5,000 個 A 產品的最終出貨時間，然後根據生產前置時間計算最晚的生產啟動時間，並進一步檢查是否有可能導致生產延遲的因素。此外，還能根據預定的出貨時間來掌握當前的生產進度是否符合計畫。如此一來，業務執行的分工會更加清晰，也能預留出更多時間處理其他工作。

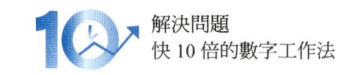

在公司內，逆算計畫常應用在新產品上市、設備及人力投資等多種計畫。例如，C 公司計畫在 2023 年 1 月推出新產品，圖表 3-14 即為以上市時間為基準，考量各階段所需時間後制定的逆算計畫。透過這份計畫表，能清楚掌握新產品上市前各階段所需完成的工作內容（見圖表 3-15）。

圖表 3-14　新品上市逆算排程

2022 年 1 月	2022 年 6 月	2022 年 7 月	2022 年 8 月	2022 年 9 月	2022 年 12 月	2023 年 1 月
著手開發	開發完成	生產樣品	顧客評價	需求反饋	生產產品	新產品上市

5 個月　1 個月　1 個月　1 個月　3 個月　1 個月

圖表 3-15　逆算計畫自我檢視表

Q1	為了能在規劃期限內上市新產品，必須在何時完成開發？	☑
Q2	為使產品更符合顧客需求，須在何時修改設計？	☑
Q3	計畫執行過程中，是否會遇到在特定日期必須要進行特定業務的情況？	☑
Q4	是否有階段延遲進行？	☑
Q5	為配合截止日期，應縮短哪一階段的執行時間？	☑

逆算計畫的核心，是在確定最終目標時間後，逐步回推中間的時間節點及起始時間。制定這些時間點的目的是為了避免計畫延遲。只有時間安排清晰，才能準確判斷當前進度是超前還是落後，從而確定需要集中資源的重點領域。同時，即便在執行過程中遇到變數，也能靈活應對，制定對策來化解危機，確保計畫順利完成。

STEP 4

讓你的意見獲得重視：
「數字報告力」

報告結束後，面對接二連三的提問，
是否有過冷汗直流的經驗？
其實，善用數字，不僅能避免誤會，
更能精準傳達，節省精力。
與其揣測主管的臉色，不如現在就用數字高效溝通！

25 報告，是傳達與理解的過程

週五 10:00

> A 工廠的意外狀況報告雖然是臨時提交，但有些部分好像還可以再完善。

> 我覺得已經做得很好了。這是緊急報告，能準確傳達當前情況就已經很有價值了。而且能在短時間內整理出意外規模和受損情況的數據，真的很不簡單。

> 不過還是有些遺憾。如果能補充對狀況的持續監控及後續處理進展，報告就會更加完善。

STEP 4
25. 報告，是傳達與理解的過程

只要有職場經驗的人，應該都深刻體會過報告的重要性。一份出色的報告能滿足所有需求，但拙劣的報告卻可能製造原本不存在的問題，甚至讓主管不安到坐立難安。為什麼報告這麼難做呢？

根據字典定義，報告是「向他人告知事情的結果或狀況」。雖然這個定義看似有些抽象，但只要**將報告簡化為「向主管傳遞所有與工作相關的資訊」就容易理解了**。甚至像是因病無法上班，向公司請假也是一種報告。

然而，報告的定義中缺少了一個關鍵要素，那就是「How to」，也就是「如何傳遞這些資訊的方式」。如果將「How to」納入考量，重新定義報告，可以歸納出以下的結論（見圖表 4-1）。

在將近 20 年的職場生涯中，我做過無數次報告，即使到了現在，仍然每天都要進行。而這些報告的核心始終如一，那就是「數字」。**如果一份報告中缺少數字，或者對數字的解釋和邏輯不足，即便其他內容再怎麼完**

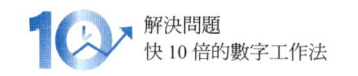

圖表 4-1　報告的定義

	我們所知悉的報告	我們應該做的報告
What	事情的結果與狀況	
Who	主管與同事	
When	狀況報告－（即時、期限內）結果報告－成果報告	
How to	-	用數字來傳達或解釋報告

善，也難免會被要求重新確認後再次報告。請記住，報告的本質在於用數字清晰地呈現事情的結果或狀況，並能夠讓對方充分理解這些數字的意義。

為什麼報告一定要用數字？原因在於，每個人在工作中使用的語言和解讀方式都有所不同，也就是說，每個人會根據自身的思維框架去理解對方的話語。而在純粹依靠語言交流的報告中，溝通誤解的風險自然就會相對提高。

如果你已經透過工作經驗，充分了解主管和同事的溝通習慣，或許能準確捕捉他們的語言重點。但如果你

在有限的時間內無法做到這一點，那麼使用明確、直觀的數字來進行報告，就成了不可或缺的方法。

以下舉例說明，**假設報告中以「困難」、「很難」或「不可能」等模糊詞彙來描述，若改以數字表達，其內容將變得更具體明確**，修改後的結果如下：

📣 達成目標有一定難度。

→ 目前距離目標還差 30%。

按照現在的情況，幾乎不可能達成目標。

→ 距離目標營業額還差 15 億韓元。若要 100% 達標，接下來每個月至少需要達成 5 億韓元的營業額。

因為銷售狀況不如預期，很難達標。

→ 距離目標銷售量還差 2,500 個。

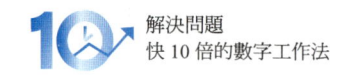

工作報告的兩大類別

依照目的不同,工作報告可以分為兩類:一類是「緊急通報」,另一類是「計畫報告」。

緊急通報:突發事件、事故或無法預測的狀況

緊急通報通常針對突發的事件、事故或不可預測的狀況,要求快速傳遞核心資訊。例如,假設某工廠發生火災,若因追求完美的報告內容,花時間整理起火原因、分析詳細數據或提出防範對策,工廠可能在這期間就已燒毀殆盡。在這種情況下,**「迅速」才是通報的核心,最重要的是用最少的資訊快速回報當前狀況**。然而,追求快速並不代表可以省略數據支撐。

即使是緊急通報,也需要包含一些關鍵數字,例如:是否有人員傷亡?火災規模有多大?火勢大約需要多久才能撲滅?這些可以立即掌握的數據,哪怕簡單,也應列入報告,以解答主管的疑問並協助決策。

計畫報告：公司內的日常報告

計畫報告則涵蓋了公司內大部分的日常報告類型，包括預測、分析、業績、應對方案等內容。**這類報告的核心重點在於「準確」和「邏輯」。**

在公司中，經常需要透過報告來分享進度或匯報成果。例如，假設收到指示要評估某項業務的可行性，或預測某產品的銷售與生產量，在收到指示時，通常也會被告知報告完成的期限。此時，比起快速完成，準確的數據和合理的邏輯才是計畫報告的關鍵。**計畫報告需要提出精準的數據，並透過清晰的邏輯進行詳細解釋。**

為了提升計畫報告的品質，建議回顧 STEP1，檢視自己是否已經建立起良好的數字思考力，這將成為計畫報告成功的基礎。

解決問題
快 10 倍的數字工作法

26 用數字傳遞核心資訊的三種方法

週五 11:10

> 我下午兩點要向組長匯報明年度的銷售策略。

> 距離報告截止還有兩週,你這麼快就完成了嗎?

> 啊,還沒有全部完成。在準備資料的過程中,發現有些內容不太明確,還有一些需要組長決策的部分,所以打算先做一次中間匯報。

> 一定要做中間匯報嗎?

> 透過中間匯報,可以檢查是否遺漏了核心信息,也能確保方向正確。

STEP 4
26. 用數字傳遞核心資訊的三種方法

在執行業務的過程中，經常會遇到方向改變或細節刪增的情況。這時，最好的方式就是透過「報告」來反映變動，並補足不足之處。**報告可以讓主管了解業務進度，並透過主管的確認與決策，進一步完善業務成果。**

我喜歡把報告比喻成竹子的竹節。竹子若要穩健成長，竹節是不可或缺的支撐。同樣地，業務只有通過適當的報告與反饋，才能避免方向偏離、去除多餘的問題，讓整個流程更加精簡且有力。

報告，是工作中不可或缺的一部分。對每一位職場人士而言，報告都是難以迴避的環節。尤其當職位越高，報告的內容不僅更為重要，接收報告的頻率也會明顯增加。當資訊量快速累積時，主管就可能面臨「資訊過載」的壓力。我們應該如何幫助主管擺脫這種困境呢？

方法很簡單：**讓報告「簡潔有力」**。首先，我們要養成提煉核心資訊的習慣。如果一份報告缺乏清晰的核心內容，不僅可能失去方向和重點，還會讓主管感到自

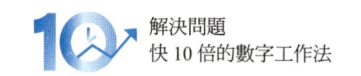

己的時間被浪費了。

報告的核心在於傳遞資訊，而資訊的核心則是「數字」。善用數字不僅可以讓報告更精準，也能淺顯易懂地傳達內容。那麼，應該如何正確運用數字呢？以下有三種方法：

用數字呈現「目標與業績」

這句話在本書中已多次強調，請務必牢記：**在說明數字時，目標與現況（業績）必須同時呈現**。這兩者就像針和線，缺一不可，只有相輔相成才能產生意義。以下比較兩個句子的差異：

> 📢 雖然目前原稿審查工作有點延誤，但在截止期限內應該能夠完成。
>
> → 目前原稿審查工作已經完成了 280 頁中的 110 頁，進度約為 40%。以 6 月 8 日的截止日期計算，預估可在截止前一週完成所有審查工作。

按照時間順序呈現數據「過去－現在－未來」

在報告時，經常會被問到：「過去的指標是什麼？過去是否也發生過類似的情況？」此外，當提到針對問題所採取的解決措施時，也常被問到：「預期的未來指標會是什麼？」如果將這些資料按照時間順序整理，就能更清晰、更高效傳達訊息。

📢 因為上週安排了多場緊急會議，導致 A 工作的進度有所延誤。

→ 上週臨時開了 5 次以上的緊急會議，原計畫的 A 工作僅推進了約 2 小時。不知道是否可以調整 B 工作的進度排程呢？

用數字進行比較

在報告中，有時單純提供數字不足以清楚說明其規模或影響力。此時，**將數字與最大或最小的指標進行比較，可以更輕鬆且有效傳達訊息。**

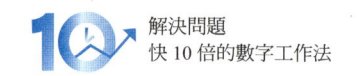

> 📢 目前建造中的新工廠占地面積為 36,000 坪,是全球最大的汽車工廠。
>
> → 目前建造中的新工廠占地面積為 36,000 坪,相較於目前全球已知規模最大的 A 工廠(20,000 坪),足足大了 1.8 倍。

當主管詢問新工廠的面積時,如果僅回答「36,000 坪」,主管可能無法馬上理解工廠的規模。但如果用主管已熟知的資訊做比較,例如「新工廠的面積是 A 工廠(20,000 坪)的 1.8 倍」,就能更明確傳達訊息。前述例子以同公司的工廠為基準進行比較說明,當然也可以使用競爭對手或其他部門的最大或最小數據進行參照比較。

如果你經常在報告後聽到主管問「到底想表達什麼?」那麼不妨重新檢視,是否報告中缺少了主管想聽到的核心訊息,或者是否正確運用了數字。請記住,**讓報告更有說服力的關鍵,在於傳遞清晰的資訊與合理運用數據!**

> 報告就像竹節,
> 竹子因竹節而挺拔茁壯;
> 工作亦然,透過報告獲得反饋,
> 才能修正方向,穩健成長。

27 讓數字更有說服力的兩大元素

週五 13:15

> 這個月我們又達成銷售目標了！

> 次長,按照這個成長趨勢,用不了多久,全韓國國民都會成為我們新產品的用戶了吧！

> 你是不是想得太樂觀了？

> 從數據來看,目前累計銷售量已經突破 2,000 萬件,每月平均銷量達 200 萬件,這樣推算的話,1 年 3 個月後,應該就能達到這個數字了吧？

> 雖然按這個算法是沒錯,但最近銷售成長率已經開始趨緩了。要達到 5,200 萬,也就是和韓國總人口數相等的銷量,還很難說。而且考慮到未來可能會有更換需求,要讓全韓國國民都使用我們的產品,應該沒那麼容易吧？

27. 讓數字更有說服力的兩大元素

在職場上，要說服他人接受自己的觀點往往不是一件容易的事。這是因為在涉及利害關係時，每個人的想法、觀點和價值取向都可能不同。因此，我們需要運用數字來整理和說明複雜的情況。然而，只靠數字並不能解決所有問題。

以 A 麵包店為例，該店擁有 2 台烤箱，每台烤箱每小時能烤 5 個麵包。在正常情況下，烤箱每天運行 10 小時，能製作並銷售 100 個麵包。某天，原本穩定的訂單量突然增加到 500 個，老闆只能通知顧客麵包已經提早賣完。但這種情況並未結束，第二天、第三天的訂單量仍維持在 500 個左右。

起初以為這只是暫時現象，但一個月後發現，雖然訂單量有些許波動，平均仍穩定在 500 個左右。為了應對這樣的成長需求，店長決定說服老闆增購烤箱。那麼，應該增購幾台烤箱才合適呢？店長熟練運用數字，整理出以下分析並向老闆匯報，為決策提供依據。

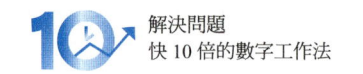

> **烤箱增購提案**
>
> - 隨著訂單增加，生產量也會增加
>   ① 每台烤箱生產量：50 個
>   （每小時生產量 × 運作時間 = 5 個 ×10 小時）
>   ② 麵包生產量現況：100 個
>   （每台烤箱生產量 × 機器 2 台）
>   ③ 麵包需求量現況：500 個
>   ④ 需要增加的生產量：400 個
>
> 請酌參前述內容後，增購烤箱。

　　如果要額外製作 400 個麵包，需要增購 8 台烤箱。從計算的角度來看，這個結論是正確的，因為每台烤箱每天可以製作 50 個麵包。然而，老闆依然猶豫不決，遲遲無法做決策。

📢 如果訂單量減少了怎麼辦？
　延長現有烤箱的運作時間，會不會更有效率呢？
　延長運作時間的話，可能還需要增聘人力……

STEP 4
27. 讓數字更有說服力的兩大元素

> 採購費用該怎麼辦？
> 如果是貸款，還得考慮利息問題，就算貸款，一次增購 8 台烤箱真的合適嗎？
> 即使烤箱增購到位，其他原料的供應就能完全跟得上嗎？

店長雖然提交了精準的數據報告來說服老闆，但最終老闆仍選擇保留態度。那麼，店長的報告究竟缺少了什麼呢？

要讓數字真正具有說服力，必須同時具備兩個要素：「邏輯」和「合理」，數字背後的依據是否合乎邏輯，以及檢視這些數字在現實中是否具有可行性。店長的提案雖然具備邏輯，但缺乏合理性，這正是無法說服老闆的關鍵。

即便在報告中已經善用數字來表達，卻仍無法說服對方時，就需要檢視這些數字是否缺乏邏輯或合理。接下來，我們深入探討這兩個要素的具體含義（見圖表4-2）。

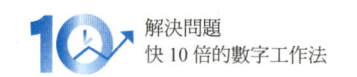

圖表 4-2　增加說服力的數字溝通法

邏輯	烤箱一天運作 10 小時可以生產 50 個麵包,但若要增加 400 個麵包產量,就需要增購 8 台烤箱。
合理	就現實狀況而言,增購 8 台烤箱真的是最佳方案嗎?

邏輯:數字運算的依據

邏輯的核心在於「數字產出的基礎」。例如,為了製作額外的 400 個麵包,需要增購 8 台烤箱。如果主張需要 9 台或 10 台烤箱,那麼這樣的計算顯然就不符合邏輯。

邏輯建立在以下三個要素之上:

1. **依據**:如每台烤箱每小時可生產 50 個麵包。

2. **推論**:設備需求 = 需求量 ÷ 單台設備生產量。

3. **正確的運算**:計算過程無誤。

只要前述任何一項出現問題，數字就會缺乏邏輯，因此需要仔細檢查。

合理：是否符合現實

即使數字的邏輯無懈可擊，若不合理，仍然難以說服他人。合理指的是「數字是否適合用於現實情境，並具有可行性」。A 麵包店的店長之所以無法說服老闆，正是因為他無法解答「增購 8 台烤箱是否是最現實可行的解決方案」這個疑問。

有邏輯，但不合理

B 分店認為，因為今年人手不足，導致銷售表現不佳，最終未能達成目標。假設每名員工的年均銷售貢獻為 5,000 萬韓元，理論上只要新增 10 名員工，營業額便能增加 5 億韓元；新增 20 名員工，營業額則可增加 10 億韓元。然而，實際情況並非如此，因為產出的結果不會隨著新增的無限增加而無限提升。

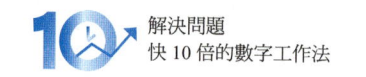

人們常誤以為,邏輯正確的計算結果必然可信,進而認為這些數字能有效說服他人。然而,邏輯正確並不意味著數字就合理。如果數字不合理,往往會引來各種質疑;若無法妥善回答,還可能被認為準備不足,甚至導致負面評價。

檢查數字是否合理的最佳方法是,向自己不斷提問,先說服自己。在實際使用這些數字之前,應確認數字的計算依據,並評估其是否能在現實中實現。即便是推測數字,也應從最壞情境出發,檢視其是否華而不實,或是否可能帶來損失。這樣一來,當主管針對數字提出質疑時,就能自信從容地應對。

建議在使用數字之前,參考圖表 4-3 進行自我檢查。

在使用數字之前,找到同時符合邏輯且合理的數字,對於說服他人至關重要。接下來,回到前文的案例,假如我是 A 麵包店的店長,我可能會這樣撰寫提案:

圖表 4-3　數字自我審查表

Q1	怎麼算出這個數字的？	☑
Q2	這個數字是最佳解答嗎？	☑
Q3	這個數字是現實中可以達成的數字嗎？	☑
Q4	這個數字會不會太過浮誇呢？	☑
Q5	這個數字比預期還小，這樣真的夠嗎？	☑
Q6	這個數字與之前討論過的有何差別呢？	☑

老闆，目前增加的麵包需求量只要增購 8 台烤箱就可以應付，但這個方案還是有幾點需要討論。首先，安裝烤箱的空間不足，即便進行空間拓展，最多也只能容納 5 台烤箱。此外，以現有的人力，是否能承擔增產的麵包數量也是一個問題，因此可能需要增聘人員。

既然每日麵包訂單已穩定達到 500 個，是否可以考慮先增購 3 台烤箱，以 5 台烤箱的規模嘗試每日生產 250 個麵包？如果能穩定生產 250 個，希望您也能同步考慮是否進一步擴展製作空間，或者在附近開設分店等追加增產方案。

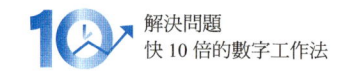

如果你是老闆，會因為我的建議而決定添購烤箱嗎？請試著站在店長的立場，運用邏輯與合理性，想像自己該如何說服老闆。透過這樣的練習，相信在下一次報告時，會看到更進步的自己。

STEP 4
28. 必須理解差異原因在哪

28 必須理解差異原因在哪

週五 14:30

> 次長，最近石油價格真的像斷了線的風箏一樣不斷飆升。

> 是啊，漲得太多了，所以我最近乾脆都搭公司交通車上下班。

> 油價相比上一季上漲了 20%，從公司的角度來看，本季度的物流成本勢必會大幅增加。

> 最近物流費用的波動確實很大，我們應該把油價上漲等因素都納入考量，徹底釐清物流費用變動的所有原因。

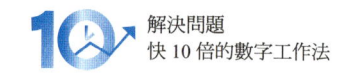

業務報告中，主管最想知道的是什麼？答案是「差異」。當業務狀況出現變化時，主管通常會根據先前的報告內容發問：為什麼這次的數據與上次不同？造成差異的原因是什麼？這源於人類大腦具有記住初始資訊的傾向，稱為「初始效應」（primacy effect）。也就是說，大腦在處理資訊時，最先接收到的訊息會在腦海中停留更久，並對判斷過程產生強烈影響。

因此，當目前接收到的資訊與之前認知的內容不符時，人們往往難以立即接受，因為初始資訊已成為評判的基準，不斷產生影響。主管對差異（變化量）感到好奇並敏感，是情有可原的。更何況，數字的變化往往能影響決策，甚至關係到公司的利潤與命運，無怪乎大家對數字變化格外在意。

發生差異時，應該先釐清原因。接著，在向主管報告時，應詳細說明現狀與變化的原因，並提及此變化是否在預期之內。此外，**還需要確認該變化是否合理、是否屬於不可抗力，並判斷其是暫時性還是永久性**。如果是早已假設的情境，只需簡單解釋即可；但如果是未預

料到的重大變化，就需要深入分析問題原因。此時，報告人的正確態度應該是在主管提問之前，主動提供詳細說明。

圖表 4-4 可以看出 2020 年韓國 OTT 服務[*]用戶數量的變化。從圖中可知，截至 2020 年，OTT 用戶數突破 1,000 萬人，相較於 2019 年，增加了約 360 萬人。2020 年用戶數暴增的主要原因包括：

1. 受到新冠疫情的影響，造成文化生活方式改變。

2. OTT 平台提供的優質內容大幅增加。

為進一步了解變化的根本原因，從新聞報導中掌握相關產業的動態，是一個非常重要的步驟。

首先，為仔細觀察變動原因，可以搭配 2020 年發布的「各季度用戶成長率」相互比較。第一季度的用戶

---

[*] OTT 服務（Over-the-top media services）是一種透過網際網路直接向觀眾提供的線上串流影音服務

解決問題
快 10 倍的數字工作法

圖表 4-4　韓國國內 OTT 服務平台用戶數量

平台名稱	2016	2017	2018	2019	2020
Netflix	289	457	902	2,221	3,835
Wavve[*]	2019 年上市			1,614	2,102
TVING[†]	338	403	542	802	1,781
Seezn[‡]	765	883	1,085	1,173	1,299
Whatcha[§]	580	685	736	791	1,081
LG U+Mobile TV[¶]	554	718	749	762	729
Amazon Prime Video[**]	2016 年 12 月上市	12	59	141	262
YouTube Premium[††]	1	7	8	26	39
其他	2,132	2,523	2,837	180	224
總計	4,659	5,688	6,918	7,710	11,532

（單位：千名）

* Wavve 為韓國三大電信公司之一的 SK 電訊旗下擁有近 1,000 萬用戶的 Oksusu，與韓國廣播電視台 KBS、MBC、SBS 旗下擁有 400 萬用戶的 Pooq 平台。兩者併合成立的新平台。

† TVING 是韓國的網路線上串流媒體，由 CJ ENM、NAVER 和 JTBC 三方合資組成 TVING 公司進行營運。

‡ 原為韓國電子通信社 KT 所創立的線上影音串流平台，後於 2022 年 7 月 14 日宣布，將與 TVING 合併為一個平台，成為韓國國內最大的文化內容供應媒體。

§ Watcha 是韓國的一家 IT 公司，設立於 2011 年 9 月。 主要運營影視作品點評推薦網站「WATCHA PEDIA」及 OTT 串流服務「WATCHA」兩大業務。 現在串流平台服務提供範圍為韓國與日本。

¶ 為韓國的通信社 LG U+ 所創立的線上影音串流平台

** Amazon Prime Video 是亞馬遜公司開發、持有並運營的線上影音串流服務，它提供包括亞馬遜工作室原創內容在內的電視節目和影音的租借、購買及線上觀看服務。

†† YouTube Premium，前稱 YouTube Red、Music Key，是一個提供給世界多個國家地區的 YouTube 付費串流媒體訂閱服務，服務範圍包括美國、澳洲、墨西哥、紐西蘭、韓國、日本、台灣、馬來西亞、香港、印度、中南美洲及歐洲各國。

成長率為 3.2％成長較為趨緩，然而隨著 COVID-19 傳染病流行期間不斷延長，從第二季度開始用戶成長率就增加到了 12％。也因為新冠病毒影響，民眾待在家的時間增加，對「訂閱服務」感興趣的程度也跟著提升。

訂閱服務大致可分為兩種方式，第一種，食品或娛樂活動等服務為「定期收費制」，訂閱的產品能透過快遞收取或使用線上串流平台觀看綜藝、電影、音樂、出版品等媒體。據悉，最近有許多工業產品也開始提供訂閱服務，如燈泡、輪胎、飛機引擎等，從多方角度來分析產業動向，就能發現更多新觀點。

此外，檢視 OTT 平台中用戶成長率名列前茅的 Netflix。2020 年，Netflix 的全球用戶數暴增 3,700 萬，總用戶數達到了近 2 億 370 萬人（見圖表 4-5）。那麼，Netflix 的成功祕訣究竟是什麼呢？

相較於解約手續繁瑣的有線電視等傳統媒體，OTT 平台的一大特點在於訂閱和解約程序都十分簡單。此外，Netflix 自成立以來就致力於打造「原創內容」，

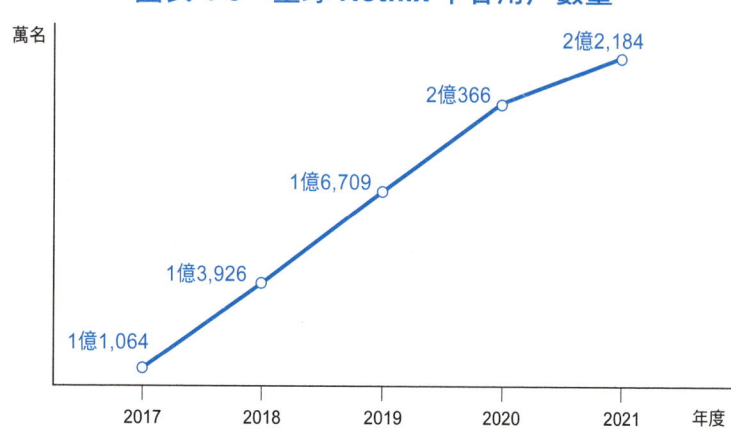

圖表 4-5　全球 Netflix 平台用戶數量

萬名

- 2017：1億1,064
- 2018：1億3,926
- 2019：1億6,709
- 2020：2億366
- 2021：2億2,184

以此來提高用戶的品牌忠誠度,這也是其成功的關鍵因素之一。

如果在分析 Netflix 用戶數量變動的原因時,能加入競爭對手的相關資料進行比較,或者提供能預測未來趨勢的數據,這些都可以作為強有力的佐證,幫助更具體地說明原因。

當執行計畫後,若結果出現超出預期的成長、遠超目標的成績或數據明顯上升等情況,或者反之,出現逆

成長、業績低迷、銷售或設備效能下降等問題，都應第一時間找出原因並向主管回報。如果是負面變動，還需要在報告中附上相應的解決方案。

總而言之，**報告中的「差異」代表了業務狀況的變化，而主管最關心的，正是這些數據變化的原因**。如果一份報告能從不同角度深入分析變動的成因，並輔以簡潔明了的關鍵資訊和清晰的分析，那麼，這無疑將是一份極具說服力的優秀報告。

29 思考資訊的先後順序

週五 15:50

> 代理,下一年度團隊銷售目標 500 億韓元的達標計畫進行得怎麼樣了?

> 根據目前的情況,預估銷售額會比目標少 30 億韓元,目前正在尋找解決方案。

> 30 億韓元可是總目標的 6%,這是一筆相當大的差額。是否可以更詳細說明一下達標計畫的內容呢?

> 我預估 A 分店的銷售額將比目標少 30 億韓元。今年 A 分店為了達成經營計畫,將銷售目標設定為 80 億韓元,比去年成長了 200%。雖然這個目標在現實中非常難以實現,但我們會透過網路行銷、新品促購等方式來尋找可行的解決方案⋯⋯

> 所以,明年的銷售目標究竟是能達成,還是無法達成呢?

前文對話,是報告場合中極為常見的狀況。明明報告者所屬團隊距離銷售目標還有 30 億韓元的缺口,但他希望傳遞的核心訊息是「我們能夠達成目標」。然而,主管的關注點卻停留在未達標的 30 億韓元,並不斷追問如何彌補差距。如果報告人員調整報告順序,先說明團隊在 500 億韓元目標中,已制定出 470 億韓元達成計畫的具體原因,結果會如何呢?

報告中,「最先提到的數字」至關重要,因為它會對聽報告的人留下深刻印象。因此,這第一個數字必須與你最想傳遞的核心訊息一致。否則,往往需要花費大量精力來澄清和解釋,甚至扭轉對方的誤解,這正是前文提到的「初始效應」。

A	B
• 聰明 • 勤奮 • 衝動 • 愛批評 • 固執 • 忌妒心很強	• 忌妒心很強 • 固執 • 愛批評 • 衝動 • 勤奮 • 學識豐富

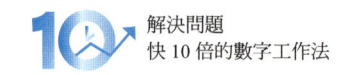

美國社會心理學家所羅門・阿希（Solomon Eliot Asch）為深入研究初始效應，進行了一項實驗。他向受試者展示兩個人的性格特質，然後觀察受試者對這兩人的評價。結果顯示，受試者對 A 的評價更為積極。然而，仔細分析後發現，兩人性格特質的內容完全相同，唯一的差別僅在於呈現的順序不同。這項實驗成為初始效應的經典例證，也具體說明了為什麼在報告中應將關鍵資訊放在開頭。

除了初始效應，還有一個理論也強調初始資訊的重要性，那就是「定錨效應」（Anchoring Effect）。船隻在下錨後只能在一定範圍內移動，人類的思維也是如此。一旦接收到最初的訊息，便會以此為基準劃定思考的範圍。

那麼，為什麼我們在報告時，往往不是從核心內容開始，而是先提到其他次要內容呢？對於報告者（實務工作者）來說，**「解決當前問題」通常被認為是最重要的，因此自然會先把心力集中在問題解決上**。這就是為什麼某些相對次要的部分，反而會被優先提及。但諷刺

的是,即使努力解釋了一大堆內容,最終仍會收到這樣的提問。

> 📢 所以到底是可以,還是不可以?
> 對於是否達成目標,應該沒問題吧?

對報告者而言,說明自己投入大量時間製作的細節似乎十分重要,但對於聽取報告的人來說,過多的細節可能會干擾對整體內容的綜合判斷,這一點務必要時刻銘記。如果細節並非報告的核心重點,將其安排在報告的後半部分進行提及與確認,不失為一個更恰當的選擇。

報告的過程,本質上是一種資訊交換,因此難免會遇到各種大大小小的挑戰。**身為報告者,務必要清楚區分重要與次要的資訊,並合理安排報告的順序,這樣才能確保報告內容清晰且具說服力。**

30 運用概數，溝通更高效的三種情況

週五 16:20

> 昨天新冠肺炎確診人數，你看過新聞報導了嗎？

> 有的，總共有 34,922 名。

> 啊，差不多是 35,000 人啊。與高峰期相比，確診人數已經大幅減少到原來的二十分之一了。看來生活很快就會恢復正常，工作也可能回到以線下為主的模式了。

平時在表達數字時，會細緻到鉅細靡遺嗎？是否會將那些既繁瑣又複雜的數字記錄在筆記本上，以便在報告時使用？當你將今年的投資金額從億位數到個位數逐一報告時，聽者是否曾經皺起眉頭呢？

準確傳達數字當然重要，但這並不意味著每次都需要如此。**有時候，適當省略細節，僅用大概的數字來表達，反而更加有效**。然而，先前的文章中一再強調數字需要準確計算、反覆確認和準確報告，現在提到用大概的數字是什麼意思呢？

這並不矛盾。檢查、整理和正式報告的數字，依然需要保持準確，因為錯誤的數字可能導致一切陷入混亂，並帶來負面影響。**然而，在實際傳達數字時，有時候使用「概數」反而能滿足對方的需求，並提升溝通效率**。

例如，在控管「規模或範圍」時，與其準確到個位數，提供大概的數字就已經足夠。以韓國人口數為例，根據 2019 年的統計，韓國人口總數為 51,667,688 人。

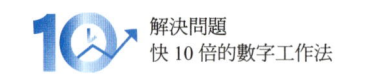

但我們在談及人口數時，通常不會逐字報出這八位數字。原因是，除了出生和死亡率是變動較高的指標，7,688 人只占總人口的 0.2％，比例極低；即便是 66 萬 7,688 人，比例也僅約為 1％。因此，回答「約 5,200 萬人」就已足夠。

在業務中也是如此。**像銷售量、生產量、投資金額或經費等複雜的數字，無須精準到個位數，只提供大致的數字就能滿足對方的需求**。例如，假設你的組長已經知道過去五年的年均投資金額約為 3,500 億韓元，那麼當組長提出相關問題時，你可以模擬可能的對話情境：

Q. 您認為，今年度的投資金額大約是多少？

如果被問到這樣的問題，千萬位數以下的金額可以省略不提。雖然完整說出來並非錯誤，但這樣的回答既低效率又缺乏敏銳度。在這種情況下，任何低於總金額 1％ 的細節數值都可以忽略，這樣反而更符合報告的精準，也更有重點。

A. 我認為，今年的投資金額大約是 3,500 億韓元。

　　這樣的回答已經非常恰當。如果組長進一步詢問細部金額，屆時再提供精確數字也不遲。此外，以下幾種情況，只需要使用簡單的概數，就能達成有效溝通：

當對方想大致了解大小或規模時

　　這類情況通常涉及**投資規模、銷售規模或腹地面積**等項目，尤其是在會議剛開始或某項計畫報告的初期階段，經常會收到這類問題。此外，若在會議中傳遞新資訊，使用大概的數字回答即可，無須過於細緻，也不必提及先前會議中的資訊。

Q. 這次新簽約的 A 工廠，規模大概有多大？

A. 總面積為 128,900 平方公尺，相當於 18 個標準足球場的大小。（每個足球場面積 7,140 平方公尺）

概數適用於數字過大且複雜的情況

實務人員在討論、分析並整理數字時,確實需要將每一位數字都精確填寫,但在口頭報告時,並非每個數字都需要這麼精確。以下是 2019 年三星電子所公布的平澤工廠投資計畫:

投資計畫為 133 兆韓元,其中 60 兆韓元將用於擴充生產設備。

如果將這樣的報告改為「在 133 兆 xxxx 億 xxxx 韓元中,將有 60 兆 xxxx 億 xxxx 韓元用於擴充生產設備」,這樣能夠準確傳達訊息嗎?**由於數字太大,聽眾需要更多時間才能理解其中的重點,而無法迅速掌握關鍵資訊。**

被問到未準備好答案的情況

當會議中被問到未預料到的問題時,我們該如何應對呢?如果手邊沒有資料,且準確數字無法立刻回

想起來,雖然可以說「我會在會後再確認並回報」,但如果已經知道大概的數字,儘管不夠精確,也應該馬上提供回答。這樣可以使會議進程更順利,且能更快做出決策。

Q. 目前 A 型號庫存還有多少?

A.(這個問題也太突然了吧?記得大約是落在 650-750 件之間)大約 700 件。

Q. 原來如此,庫存在 1,000 個以下的話,進行這項計畫應該就沒什麼問題了。

　　總結前述,如果在公司裡經常聽到別人對你說「再大概一點,不要算太細」或是「再粗略一點」,那麼在符合前述三種情況時,就放心用大概的數字,自信地報告吧!

解決問題
快 10 倍的數字工作法

31 圖表,是報告數字最高效的方式

週五 17:40

> 我參考了過去三年的文化內容製作經費,不確定這次申請 200 萬韓元的預算是否合適。

> 為什麼會這麼想呢?

> 因為之前花了大約 150 萬韓元在製作費用上,當時覺得很節省,但後來計算淨利潤時,發現其實是虧損的。

> 提預算時,需要考慮的項目很多,而且也有不少無法控制的變數,要不要試著用圖表來表示過去三年的製作費、營業毛利和淨利呢?

在尋找能夠明確定義圖表功能的表達時，我意外發現首爾科學綜合大學院（aSSIST）金鎮浩教授所寫的文章〈比起製作令人眼花撩亂的圖表，更應該學會如何正確解讀數字〉：

即使對再好的數據做再完美的分析，若不能正確傳遞訊息，就沒有任何意義。說出「數據會自己說話」的人態度十分傲慢。如果管理層對報告感到厭煩或無法理解，那麼他們支持並做出決策的可能性就會非常低。因此，我們應該使用表格來將數據視覺化。

即使是相同的數字，經過視覺化後，資訊變得更容易理解。視覺化數據的過程通常需要用到圖表、框架和資訊圖表等工具，其中最常使用的是圖表。特別是圖表在比較兩個以上的數值或掌握趨勢方面具有明顯的優勢。如果只是用表格整理數字，聽眾需要逐一比較每個數字，這樣會很麻煩。而且，事實上，表格很難傳達趨勢。圖表，正是有效傳遞這些資訊的工具。

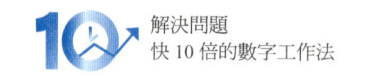

圖表的主要類型包括「柱狀圖」、「折線圖」、「圓餅圖」和「散點圖」。工作中使用的圖表超過 90％ 是這四種類型中的其中之一，因此在製作圖表時，只需要根據資料特性和報告目的選擇適當的類型即可。**當需要呈現整體比例或比重時，可以使用「圓餅圖」；若要強調細節分析，則可以選擇「散點圖」。另外，也可以結合「柱狀圖」與「折線圖」來表現數據的不同性質。**

　　接下來，會詳細探討每種圖表的功能。首先，使用頻率最高且最容易解讀的圖表類型是「柱狀圖」。當需要比較少數幾個項目時，使用「橫條圖」會更為合適；相反地，如果想表現項目的變動趨勢，且項目數量較多，使用「條形圖」會更加有效，此外，「折線圖」也適用於表達趨勢，特別是在分析長期趨勢時，折線圖能明顯提高數據的可讀性。

　　在工作中，經常會同時使用兩種圖表來進行資料比較，通常是因為某些資料之間具有高度關聯。比如，將毛利與毛利率放在同一張圖表中進行比較，這就是一個典型的例子。同樣的情況也常見於營業額與市占

率、投資金額與投資增減率、人口數與人口密度等數據的比較。

由此可見，傳遞資訊時，使用圖表並不必限於單一類型，還可以根據需要混合使用多種類型的圖表，或者對現有的圖表格式進行調整。接下來，透過圖表 4-6 的案例來分析表格和圖表結合使用的優勢。

圖表 4-6　2022 年，五月第二週的油價趨勢

	5月9日	5月10日	5月11日	5月12日	5月13日	5月14日	5月15日
首爾	1,988	2,001	2,005	2,008	2,012	2,014	2,015
韓國國內平均	1,938	1,944	1,946	1,949	1,952	1,955	1,957

（單位：韓元）

透過圖表 4-7、圖表 4-8，可以清楚看到一週內油價的變動趨勢，而透過折線圖則能更快速掌握油價的上升或下降趨勢，同時也能分析首爾與全國平均油價的差異。若再附上月度的油價趨勢圖，則可比較不同時期數值差異的指標。

圖表 4-7　週間油價趨勢

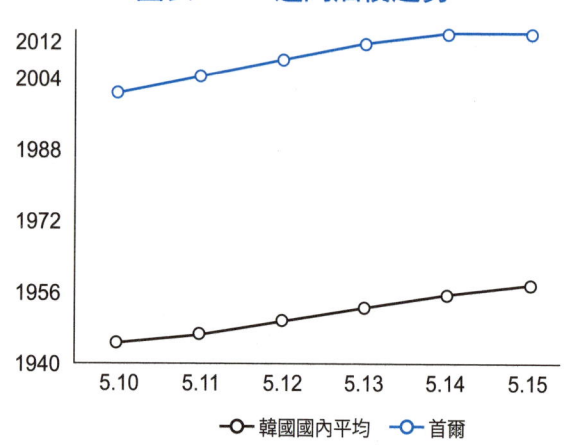

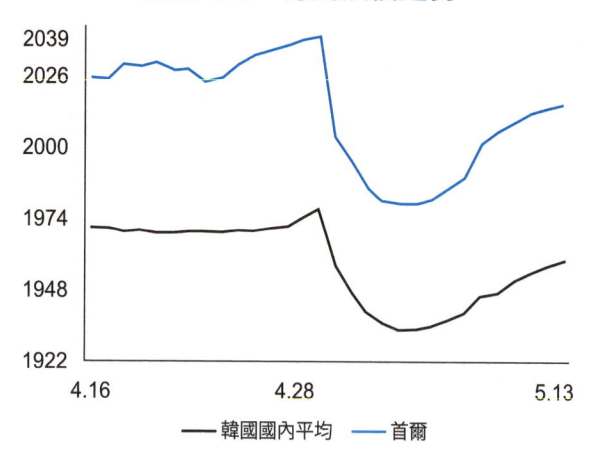

圖表 4-8　月間油價趨勢

然而，使用圖表的重點在於，將想要傳達的數據根據不同目的選擇合適的圖表，讓對方能夠迅速理解資訊。**如果無法立刻選擇合適的圖表類型，不妨先使用基本的「柱狀圖」來呈現，再根據需要反覆嘗試其他圖表，或將不同圖表進行組合使用，關鍵是要清楚了解每種圖表的功能與目的。**

> 即使是相同的數字，
> 經過視覺化後，
> 資訊變得更直觀易懂。
> 圖表，作為強而有力的工具，
> 讓資訊的傳遞更高效、更有影響力。

結語

面對提問，善用數字讓你更篤定

　　回顧到現在，各位應該已經大致了解，從面對工作的態度到報告的過程中，數字在其中扮演的重要角色。**在工作中，當你向他人傳遞某項資訊時，接踵而來的反饋與提問幾乎是無法避免的**。即便自認說明得十分完美，或是報告資料已經準備得盡善盡美，基於確認與驗證的角度，提問依然不可避免。如果傳達的內容或表達方式稍有不妥，提問就會變得更加頻繁。

　　那麼，是否需要提前模擬所有可能的問題，並設想答案呢？實際上，在報告前，預測所有問題幾乎是不可能的。但可以採取一些方法，將提問的範圍「最小化」。

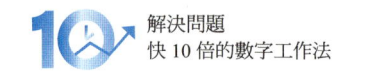

1. **「毫不猶豫地回答問題」**。回答問題時，若能態度堅定且直接，就足以證明你已經充分考慮過可能的問題。即問即答的態度不僅能提高發問者對你的信任，也能讓你傳達的數字與資訊更具說服力，從而減少因疑慮或不安而引發的問題。

2. **「善用數字回答問題」**。缺乏數字佐證的回答，通常只會引發更多問題。因此，最好的方法就是，提前針對潛在的問題準備，以數字為核心的答案。平時仔細記錄每個重要的數據，將對回答問題大有幫助。

提問通常由淺入深，從基本的觀念開始。如果在基礎問題上就卡住，不僅無法進一步進行討論，也無法清楚傳達自己的核心內容。大約十幾年前，我曾在報告中因無法應付問題而手足無措，一位前輩看在眼裡，對我說了一句話：

報告就像「二十個問題遊戲」*，**只有堅守住想傳達的訊息，跨越提問的關卡，才能將答案順利傳達出去。**

二十個問題往往會從數字開始，而**最基本的數字就是前文反覆強調的三要素:「目標」、「業績」、「差異」（問題）**。

目標 – 業績 = 差異（問題）

∴ 目標 = 業績 + 差異（問題）

讓目標與業績的理想數字接近現實數字，是報告的基本要素。此外，針對業績問題，你需要能夠回答現在與過去的業績數據、未來的預估業績數據，甚至包括競爭企業或其他部門的業績相關問題。此外，清楚表達目標與業績之間的差異，也是一個報告者應具備的基礎

---

* 1950 年代，美國電視上流行一種稱為「二十個問題」（Twenty Question Game）的機智問答遊戲。遊戲的內容很簡單，主要是讓挑戰者猜出實物的名稱。玩法是讓挑戰者，最多能向主持人提出二十個「是、非」的問題，如果挑戰者能在時限之內猜出答案，就能贏得遊戲。

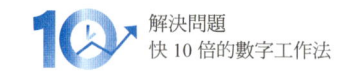

能力。

當你跨越了基礎問題的「關卡」後，可能會面臨下一階段的挑戰——否定式提問。這類問題可能包括：「這真的是最好的方案嗎？」「有沒有更有效的替代方案？」「能否找到更節省成本的方案？」這類問題可能會讓人感到驚慌，甚至懷疑對方是否在質疑你的檢討有誤。但其實，完全沒有必要感到不安。你可以將這一階段視為驗證階段，對方只是透過探索其他方案來確認你的報告是否是最佳方案。

即使提問接連不斷，只要你能用數字思考與表達，並且將多方觀點融入報告中，不斷完善內容，你的核心訊息就會變得更加清晰且堅定。

後記

獻給在職場中迷茫的每個人

請大家回想一下,在工作中最常聽到的話是什麼?答案應該不難猜。

「請用數字說明。」

「請將資料量化成具體的數字。」

加入公司近 20 年來,我被問過無數次與「數字」相關的問題。或許是因為我對數字的敏感度不高,而主管卻恰好是個對數字極為敏銳的人。但無論這些原因,**職場上之所以圍繞著數字,是因為「數字」幾乎參與了業務的每個環節,從開始到結束,無處不在**。無論是說明自己的工作內容,解決商業場合中的問題,還是向主管傳遞意見,缺少數字的支撐,這一切就沒有意義。

解決問題
快 10 倍的數字工作法

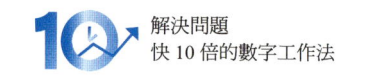

在入職的第 5 年,我曾有幸與一位數字敏銳度極強的主管共事。那段時間,我才真正意識到數字的重要性。當時的我發現,沒有數字就像無頭蒼蠅,什麼事情都做不好。

那段期間,我不斷點頭認同,深刻感受到數字的力量。雖然每天都在面對一位以數字來思考和表達的主管,壓力山大,但這段經歷成為了我業務能力成長的起點。可以說,那是一段充滿挑戰卻值得感恩的時期。

事實上,使用數字解決問題的方法數不勝數,每位職場人都有自己的方法與訣竅。而這本書,正是基於我的職場經歷,將數字的應用歸納為四種核心能力:**數字思考力、數字解讀力、數字組合力、數字報告力**。撰寫這本書的過程,也是一場不斷向自己提問,並尋找答案的旅程:

「為什麼工作時需要數字?」

「數字為什麼重要?」

「要怎麼活動數字才能簡化業務呢?」

後記
獻給在職場中迷茫的每個人

「要想計算出自己要的數字時應該怎麼做？」
「要怎麼解說數字？」
「應該用什麼方法來傳達數字意義呢？」

這些與數字相關的問題，讓我的思考愈加深入，也不斷激發出更多的靈感。

每當回想起自己剛進職場時的迷茫與困惑，我總希望，閱讀這本書的你，不必重蹈我當年的覆轍。正因為當時我對很多問題一籌莫展，才有了如今這本書的內容——以那些我曾經無法解決的困難為中心，逐一剖析並解惑。

這本書能夠完成，要感謝許多人。首先，我要感謝INFLUENTIAL出版社的鄭熙京編輯，她以無比的熱情對待這本書，並給予出版的機會；感謝朴性昱董事長，他不斷注入養分，支持我的成長；感謝金韓碩副總裁，以及所有的同事與前輩，他們的啟發與支持為我的職場生涯帶來莫大助益。

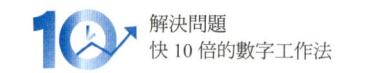

此外，我要感謝我的家人——感謝母親的包容與愛護，感謝岳父岳母的疼惜與鼓勵，還有我 30 年的摯友振賢、賢浩、在哲，正因為有你們的支持，這本書才得以順利完成。

最後，我想把最重要的感謝獻給我的妻子和兒子。我的妻子無論何時，總是默默支持我，成為我的精神支柱；而我的兒子，用他的開朗與健康為我的生活增添了無限的動力。謝謝你們，我愛你們！

參考文獻

1. 《品質經營的75個技巧》（ビジュアル品質管理の基本）內田治著。
2. 《知識的詛咒，你為何不懂我的心？》（지식의 저주, 너 왜 내 맘 모르니?）李泰馥（이태복）、崔秀妍（최수연）著。
3. 《準確預測未來趨勢的思考術》（未来に先回りする思考法）佐藤航陽著。
4. 《經濟預測字典》中央SUNDAY經濟小組著。
5. 《你懂這個心理法則嗎？》Lee Donggwi著。
6. 〈比起做出令人眼花撩亂的圖表，先知道怎麼正確解讀數字〉，金鎮浩（Kim Chinho）著，《東亞財經論壇DBR》第196號。
7. 現代汽車官網（https://www.hyundai.com/kr/ko/e/vehicles/grandeur/spec）。
8. 《維基百科》（https://ko.wikipedia.org/wiki/ 망각_곡선）。
9. 韓國行政安全部，戶籍登錄人口統計（https://jumin.mois.go.kr/）。
10. Google Ad Manager－基本資訊－流量季節性（https://support.Google.com/admanager/answer/9544845?hl=ko&ref_topic=7506292）。
11. 《2022年全球幸福報告》（*World Happiness Report 2022*）。

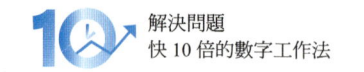

12. 公平交易委員會－加盟事業交易－公開資料（https://franchise.ftc.go.kr/mnu/00013/program/userRqst/list.do）。
13. 統計廳－支出類別 消費者物價指數（https://kostat.go.kr/）。
14. 食品業資訊統計系統－市場分析－人氣「國內人氣食品 - 麵類（泡麵）」（https://www.atfis.or.kr/home/board/FB0002.do?act=read&bpoId=4155&bcaId=0&pageIndex=2）。
15. 《市場動向：韓國、日本、中國 OTT 的市場銷售與競爭現況》KISDI 大韓民國資訊通信政策研究院著。
16. Netflix。

MEMO

翻轉學 翻轉學系列 138

解決問題快 10 倍的數字工作法

韓國三星經理教你 4 步驟用數據思考，
從企劃、分析、決策到報告都事半功倍，獲得賞識和成就感

숫자로 일하는 법 : 기획부터 보고까지, 일센스 10 배 높이는 숫자 활용법

作　　　　者	盧泫兌（노현태）
譯　　　　者	杜西米
封　面　設　計	Dinner Illustration
內　文　排　版	黃雅芬
出版二部總編輯	林俊安

出　　版　　者	采實文化事業股份有限公司
業　務　發　行	張世明・林踏欣・林坤蓉・王貞玉
國　際　版　權	劉靜茹
印　務　採　購	曾玉霞・莊玉鳳
會　計　行　政	李韶婉・許俽瑀・張婕莛
法　律　顧　問	第一國際法律事務所　余淑杏律師
電　子　信　箱	acme@acmebook.com.tw
采　實　官　網	www.acmebook.com.tw
采　實　臉　書	www.facebook.com/acmebook01

I　S　B　N	978-626-349-877-8
定　　　　價	420 元
初　版　一　刷	2025 年 1 月
劃　撥　帳　號	50148859
劃　撥　戶　名	采實文化事業股份有限公司
	104 台北市中山區南京東路二段 95 號 9 樓
	電話：(02)2511-9798　傳真：(02)2571-3298

國家圖書館出版品預行編目資料

解決問題快 10 倍的數字工作法：韓國三星經理教你 4 步驟用數據思考，從
企劃、分析、決策到報告都事半功倍，獲得賞識和成就感 / 盧泫兌（노현태）
著；杜西米譯 . -- 初版 . – 台北市：采實文化，2025.01
240 面；14.8×21 公分 . -- （翻轉學系列；138）
譯自：숫자로 일하는 법：기획부터 보고까지, 일센스 10 배 높이는 숫자 활용법
ISBN 978-626-349-877-8（平裝）

1.CST: 職場成功法　2.CST: 數字　3.CST: 工作效率

494.35　　　　　　　　　　　　　　　　　　　　　　　113018776

숫자로 일하는 법：기획부터 보고까지, 일센스 10 배 높이는 숫자 활용법 by 노현태
Copyright © 2022 by HYUNTAE NO（盧泫兌）
All rights reserved.
Original Korean edition published in 2022 by INFLUENTIAL INC.
Traditional Chinese translation Copyright © 2025 by ACME Publishing Co., Ltd.
Traditional Chinese translation rights arranged with INFLUENTIAL INC.
through M.J. Agency, in Taipei.

采實出版集團
ACME PUBLISHING GROUP

版權所有，未經同意不得
重製、轉載、翻印